建设工程定额编制流程与应用

李睿璞　王　群　张红标　著

清华大学出版社
北京

内 容 简 介

全书紧密围绕"定额是如何编制"这一主题展开,全面介绍建筑工程预算定额的编制流程与编制方法。为突出定额编制各个重要节点工作的实操性和可控性,书中辅以实际应用案例与样表加以说明,并提出了预算定额编制的规程、规则等概念。本书可供建设工程管理、工程造价、全过程咨询等领域的专家、学者和相关专业的研究生,以及从事企业定额、预算定额编制工作的相关技术人员,包括政府建设工程造价管理部门以及房地产企业人员阅读与参考。

图书在版编目(CIP)数据

建设工程定额编制流程与应用/李睿璞,王群,张红标著.—北京:清华大学出版社,2025.1
ISBN 978-7-302-57584-9

Ⅰ.①建… Ⅱ.①李… ②王… ③张… Ⅲ.①建筑预算定额-预算编制
Ⅳ.①TU723.34

中国版本图书馆 CIP 数据核字(2021)第 031281 号

责任编辑:杜 晓
封面设计:曹 来
责任校对:袁 芳
责任印制:杨 艳

出版发行:清华大学出版社
   网   址:https://www.tup.com.cn,https://www.wqxuetang.com
   地   址:北京清华大学学研大厦 A 座   邮   编:100084
   社 总 机:010-83470000   邮   购:010-62786544
   投稿与读者服务:010-62776969,c-service@tup.tsinghua.edu.cn
   质量反馈:010-62772015,zhiliang@tup.tsinghua.edu.cn
印 装 者:大厂回族自治县彩虹印刷有限公司
经 销:全国新华书店
开 本:170mm×240mm   印 张:7.25   字 数:132 千字
版 次:2025 年 1 月第 1 版   印 次:2025 年 1 月第1次印刷
定 价:49.00 元

产品编号:090813-01

前　言

　　定额是解决高速工业化大生产与低效劳动生产率之间矛盾的产物。在西方资本主义工业化发展的历史进程中，生产规模化、人员分工精细化需要对产出效率、原材料的使用数量以及劳动工具的配置进行定量化研究。被誉为"科学管理之父"的弗雷德里克·温斯洛·泰勒（1856—1915），通过一系列开创性的实验，包括金属切削实验、搬运重物实验以及铁锹实验，将实践经验转化为理论框架，并系统化地整理了实验数据与观察结果。他于 1911 年发表了《科学管理原理》，在这部著作中详尽阐述了工时定额测定的科学方法。该方法涉及确定工人的操作流程、采用熟练工人的工作方式等，体现了对生产工序的精细划分与量化评估，这些原则和方法与现代工程定额体系有着明显的共通性。泰勒的思想对同时代的学者和实践者产生了深远影响，激发了他们对工时研究的共同兴趣。诸如弗兰克·吉尔布雷斯夫妇进行的砌砖实验，以及亨利·甘特所创制的生产计划甘特图，这些成果都是对泰勒定量化管理思想的继承与发展。这些实践承袭了泰勒对工时进行精确计量和对工序开展标准化分析的思想，通过优化工作流程和管理策略，显著提升了劳动生产率，对西方工业生产的效率提升产生了深远影响。

　　在长期的农业生产经营实践中，我国人民摸索并积累了宝贵的种植经验。其中，"井田制"作为一种以土地质量和土地数量为基础进行田赋征收的制度，可视为定额的雏形。中华人民共和国成立以来，国家十分重视建设工程定额的编纂和管理工作，陆续编制、发布、修订、再版多部各类专业定额，各省、自治区、直辖市在此基础上编制了地区性建筑工程定额,为保障建设行业调控与管理以及维护市场公平竞争提供了重要的管理途径与手段。

虽然我国出版、修订了大量的专业定额,专业技术人员在阅读各类定额的总说明、工程量计算规则以及查阅定额子目时,难免会提出"定额到底是怎么编纂出来的"这一问题,而且有关定额编制各流程与环节等问题始终缺乏系统性、完整性的论述。

本书在总结多本预算定额编制经验的基础上,提炼出建设工程定额编制的重要工作节点,详细论述了建设工程定额的编制规程、编制规则、工料机测定的基本方法以及建设工程定额的审查、发布与后评价这四部分的内容,基本涵盖了预算定额编纂工作从项目立项到出版发行的各编制过程。

本书内容新颖且实用性强,文中还收录了大量由作者设计并经过实践验证的表格,这些均提升了本书在实际应用层面的价值,为读者提供更加丰富、精准的知识资源,更强化了定额编制工作的可操作性以及编撰工作的可复制性。因此,本书还具有建设工程定额编制工具书的功能,可供从事工程造价管理、建设工程管理等领域的专家、学者以及专业人员阅读与使用,也可作为高等院校相关专业的教学参考用书。

由于作者水平有限,书中难免存在不足之处,也希望各位同仁及广大读者批评、指正。

作　者

2024 年 1 月

目　录

引 言

    工程定额是在特定历史阶段的社会生产力水平与一般产品质量标准背景下，基于合理的工作组织形式，用于界定完成单个合格工程产品所需的资源投入数量的标准。这一定义旨在精确反映在高效、经济的原则下，实现单位工程产出所需的基本资源配置。我国众多的建造古籍为现行定额的编制提供了较多的借鉴与参考。例如，唐朝的《辑古纂经》记载了城台夯筑的人工消耗数量；北宋的《营造法式》则详尽表述了施工的技术与方法，规定了工料计算的依据与标准；而清工部编撰的《工程做法则例》一书则是一部有关工料估算的历史典籍。

    在西方资本主义工业化发展的历史进程中，生产规模化、人员分工精细化的现实需求迫切需要对原材料的使用数量、劳动工具的配置以及劳动产出效率进行定量化研究。被誉为"科学管理之父"的弗雷德里克·温斯洛·泰勒（1856—1915），通过一系列开创性的实验，包括金属切削实验、搬运重物实验以及铁锹实验，将实践经验转化为理论框架，并系统化地整理了实验数据与观察结果。他于1911年发表了《科学管理原理》一书，在这部著作中详尽阐述了工时定额测定的科学方法。该方法涉及确定工人的操作流程、采用熟练工人的工作方式等，体现了对生产工序的精细划分与量化评估，这些原则和方法与现代工程定额体系有着明显的共通性。

    泰勒的思想对同时代的学者和实践者产生了深远影响，激发了他们对工时研究的共同兴趣。诸如弗兰克·吉尔布雷斯夫妇进行的砌砖实验，以及亨利·甘特所创制的生产计划甘特图，这些成果都是对泰勒定量化管理思想的继承与发展。这些实践不仅承袭了泰勒对工时进行精确计量和对工序开展标准化分析的思想，通过优化工作流程和管理策略，显著提升了劳动生产率，对西方工业生产的效率提升产生了深远影响。

    中华人民共和国成立以来，我国的定额管理工作经历了一段从无到有、从初步建立到遭遇挑战、再到逐步恢复与发展的曲折历程。这一过程见证了我国在制定和执行定额管理政策方面的探索与调整，反映了经济体制变革对管理实践的影响。从1950年开始，东北地区陆续在铁路建设、煤炭生产以及纺织行业内实行了劳动定额制度。随着国家经济复苏以及中华人民共和国建设的全面铺开，相关部门先后出版了《一九五四年建筑工程设计预算定额(试行草案)》《一九五五年建筑工程预算定额》《一九五五年度建筑工程概算指标(草案)》等十几种定额。1956年,原国家建委在《建筑工程劳动定额》的基础上增加了材料消耗量和机械台班消耗量,编纂出版了《全国统一劳动定额》。此后近20年间,我国的定额修订工作处于停滞状态。直到十一届三中全会之后,概预算制度与建筑定额管理再次迎来了发展的春天。国家先后修订并颁布了《全国建筑安装工程统一劳动定额》《建筑工程预算定额》及数十种专用定额,详尽阐述了施工定额、预算定额、概算定额等技术经济指标的内容与适用范围;各地区在全国统一定额的基础上,结合地区的自然、技术、经济及企业管理等特点,制定并颁布了适合本部门或本地区的专业定额。

工程定额与建筑市场之间已形成相互促进、共同提高的依存关系。一方面,工程定额虽源于施工实践,但更多作用于建筑市场,它全面反映了施工综合消耗量和市场价格的变化水平,为建设各方主体计价提供依据与参考;另一方面,为充分发挥企业、科研单位、社团组织等社会力量在工程定额编制中的基础作用,各主管部门可通过购买服务等方式提升定额编制的科学性、及时性。

为改变定额编制机构一家"独唱"的局面,实现定额编制工作的开放化与社会化管理,急需制定一套有关编制要求、编制原则、编制程序、编制方法、编制标准等规范性的工作指引,以保障同类定额可借鉴、可对比、可衡量、可评判,即编制思路、编制依据、编制步骤、编制方法、编制底稿的规范与统一。

然而,定额编制工作具有内容广泛、测定方法多样的显著特点。具体而言,这一特点体现在定额编制过程中的多个环节,包括定额子目的确立、工料机消耗量的精确测算,以及税费标准的合理取定。此外,某些情况下子目测算工作难以进行现场采样与实测,定额的通用性、共识性又难以过精、过细、过严。因此,如何制定统一、通行且具备可操作性的规范、规则及标准,将成为工程定额编制工作的基础和关键所在。

本书以"从无到有、从粗到细、经验推测到客观验证、从主观判断到客观数据驱动"的核心理念为指导,构建了一套既可操作又具备高度适用性的定额编制规程、规则与标准体系。这一体系不仅填补了先前在定额编制领域的空白,而且通过逐步细化、实证验证和数据支持,实现了从依赖经验到遵循科学方法的转变,为工程项目的成本控制和管理提供了坚实的基础。

第1章 建设工程定额的编制规程

规程即规定的程序,是在工作程序中贯穿的标准、要求和规定。规程的特点是将一些不通用、不明确、非正式的事项在程序中做出规定。规程强调了规定的"流程",是为实现定额编制目的而规定的一系列前后相继的作业组合。建设工程定额编制任务从前期立项到后期技术交底、资料存档和出版发行一般需要经历 11 个关键性控制节点,其编制流程如图 1-1 所示。

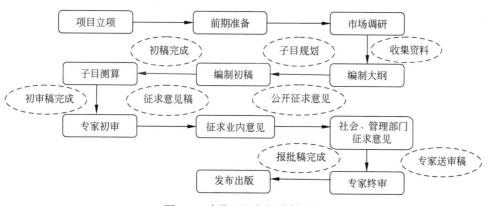

图 1-1　建设工程定额编制流程

定额的编制规程是结合定额编制的合理程序,将定额编制的内容、工期及编制方法等控制性关键节点进行程序化、规范化的专业技术流程。因此,编制建筑工程定额应确定其编制规程,做好关键内容的控制等工作,并结合建筑工程定额编制实践来推动此项编制工作的开展与完成。

1.1　项目立项的工作流程

建筑工程定额编制工作的立项是由定额主管部门依据相关政策、职能规定及现实需要,依照政府管理流程所履行的报批手续。在建筑工程定额立项的申请过程中,申请文件需明确工作计划、工作任务、工作重点、组织方式、主要控制措施、进度安排、工作经费等内容,并以此作为基础制定建筑工程定额编制的项目委托书。

　　建筑工程定额编制项目立项文件应包括立项的申请与审批、编制工作的委托、被委托单位资质的把控、编制团队的组织及定额编制委托合同的签订,其工作流程如图 1-2 所示。

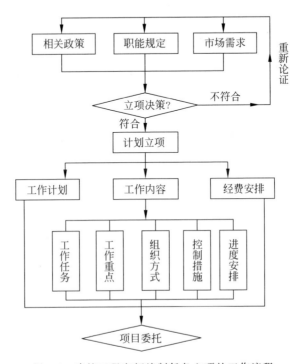

图 1-2　建筑工程定额编制任务立项的工作流程

　　在建筑工程定额编制任务的立项工作流程中,工程造价主管部门应依据编制对象、编制目的、编制任务及编制工作的难易度,结合相关的法律法规、地区实际情况等因素确定合理的招标形式,以保障项目顺利签订委托合同。

1.2　建设工程定额编制工作的立项申请与审批

　　立项计划申请报告由定额管理机构负责起草,其关键内容应涵盖定额编制的多个方面。

　　(1)编制目的:明确编著定额的预期目标和预期效果。

　　(2)编制依据:概述编著定额所参考的法律、法规、行业标准和技术规范。

　　(3)编制意义:阐述定额在促进工作效率、保障工程质量、优化资源配置等方面的作用。

（4）社会及市场情况分析：评估当前社会需求、市场趋势对定额制定的影响。

（5）定额的应用领域：界定定额适用于的行业或项目类型。

（6）定额编制的内容与质量要求：详细说明定额应包含的具体内容及其制定标准。

（7）编制工作的组织与实施方式：规划定额编制团队的结构、职责分工和工作流程。

（8）管理制度：制定确保定额编制过程规范、高效运行的管理体系。

（9）人员配置：规划参与定额编制的专业人员数量、资质要求。

（10）费用预算：估算定额编制过程中的直接成本和间接成本。

（11）进度安排：制定定额编制的时间表和关键任务节点。

（12）信息管理：规划数据收集、处理、存储和共享机制。

（13）档案管理：规定定额编制过程中的文件、资料保存和归档标准。

（14）定额发布后的管理机制：设计定额实施后的监督、维护和更新流程。

（15）修编规划：规划定额定期修订的周期和方法。

启动建设工程定额编制工作，需由定额管理主管部门根据地区实际情况，提出定额编制的立项申请，并填写立项呈批表，之后将该表提交给相关部门进行审核。具体的样例文件可以参考表 1-1。

表 1-1 建设工程定额立项呈批样表

专项业务名称			
预计费用/万元	委托形式：□公开招标/□邀请招标/□竞争性谈判/□直接委托		
专项业务内容概要			
拟提交成果			
预期工期			
采用公开招标不需填写本栏	推荐顺序	潜在承办单位	备 注
	说明：		

续表

专项业务主办人： 年　月　日	科室负责人意见： 年　月　日
部门分管负责人意见： 年　月　日	部门总负责人意见： 年　月　日

立项计划申请报告经定额管理机构内部起草并审定后，须向上级主管部门提交，进行说明并征求其批准。上级主管部门根据整体工作安排、定额使用必要性及未来工程计价需求，与定额管理机构会审后批准实施。

1.3　建设工程定额编制工作的任务委托

1.3.1　建设工程定额编制工作任务委托书的内容

建设工程定额编制工作任务委托书的内容如下。

（1）市场调研、资料收集部分：调研本地区的建筑工程市场，了解最新的工艺与技术、计价模式及潜在需求，收集整理并分析调研资料，形成完整的市场调研报告。

（2）编制大纲、子目规划部分：根据调研的新工艺、新技术、新材料和新设备的使用情况梳理待修编的旧版定额，删除已经淘汰的定额子目；结合调研资料增补、更新形成新的定额子目编制大纲及子目规划报告。

（3）子目测算、定额编写部分的主要内容如下。

① 结合市场行情测算并确定各章节定额子目人工、材料及机械的消耗量，整理、保留并提交计算底稿。

② 确定软件配合单位（协编单位根据定额数据库需求及计价软件运营市场自主确定），协助配合完成定额编制及排版等信息化工作。

③ 编写总说明、子目工作内容、定额附注、章节说明、工程量计算规则、附录附表。

④ 处理在调研过程中发现的问题及定额编制委托单位提出的专业工程相关子目修订任务。

⑤ 整理、完善定额子目中的人工、材料、机械等信息，明确材料规格、型号，更新材料价格，补充机械费用的构成要素，梳理、建立与现行其他专业工程定额相通相融的定额工料机数据库。

⑥ 提交定额子目初稿。

（4）专家初审，修改调整部分：将整理后的初稿递交专家初审，结合专家意见修改形成测算稿。

（5）水平测算，初稿完成部分：草拟测算方案，选取典型案例开展新编定额水平的测算与修正，调整测算结果后完成编制初稿。

（6）征求业内意见，修改调整部分：向各建设主体单位征求意见，对初稿进行修改、调整，完成业内意见采纳情况汇总表。

（7）专家终审，形成征求意见稿部分：拟写项目汇报材料，参加专家终审会，整理完成专家论证会评审意见并进行修改、调整，形成征求意见稿。

（8）征求各相关主管部门意见，形成送审稿部分：配合定额编制委托单位征求各相关主管部门及行业协会意见进行第二次水平测算，调整后形成送审稿并完成意见采纳情况汇总。

（9）配合成果报批，完成审批修改部分：配合成果报批并根据审批意见修改，形成最终稿，提交最终成果电子版和纸质版。

（10）其他事宜部分：提交编制说明、计算底稿，完成技术交底报告（包括定额内容的变化，编制的思路、依据，价格水平的变化），完成委托单位的其他工作要求。

1.3.2　建设工程定额编制工作的任务委托方式

国际通行的工程咨询服务采购方式主要分为招标方式与非招标方式两种。在我国，应根据相关规定以及咨询项目的性质、规模、保密性、难易程度等特点，向社会公开建设工程定额的编制任务。在此基础上，可以灵活选择公开招标、邀请招标、竞争性谈判或直接委托等方式进行。

1. 公开招标

定额编制作为政府定额管理机构承担的一项关键公共服务职能，旨在向全社会提供规范化、标准化的技术经济指标。在此过程中,确保定额编制工作的政策性、引导性、公正性和公平性,是政府职能部门的主要责任。然而,定额编制又是一项基础性、客观性、专业性、现实性很强的工作,与工程实际、计价实际、市场实际紧密相连,具有涉及面宽、工作量大、任务繁重的特点。随着工程、工艺、社会需求的快速发展,社会对定额的认知及需求愈加强烈,广泛引入社会力量参与定额编制与管理成为建设工程行政管理工作的发展趋势。通过公开招标的方式选定编制服务单位,签订长期服务合同并严格履行,此举不仅引入了社会力量,还强化了政府与社会的合作管理机制,明确主导方向。这一举措对于实现定额管理的社会化、提升定额自身的质量和增强其社会认可度,无疑具有积极而深远的意义。

除采用与建设工程招标文件、合同拟定相关的一些通用格式与工作模式(包括投标邀请书、需求一览表及需求明细、投标人须知、合同条款、投标文件格式、公开招标失败后后续采购程序和投标须知等)外,定额编制工作的招标、评标及合同拟定还应兼顾其自身需求与评选的特点。表 1-3 中的招标文件及合同条款源于真实案例(其中一些具体数据及相关商业机密等内容予以隐匿),用于说明采用公开招标选择定额协编单位的工作要点。

公开招标可吸引众多单位或组织参加投标,为投标单位创造较为公平的竞争环境,而且招标单位更容易获得较为理想的中标结果。但公开招标的工作量大、耗时多,招标费用较高。

对于建设工程定额编制工作中内容复杂、编制费用较高的预算定额编制任务,其招标过程适宜采用公开招标的方式。

2. 邀请招标

邀请招标是招标人以发出招标邀请书的方式选择特定的法人或其他组织参加投标的选择过程。它比较适合定额编制工作相对简单、定额编制技术服务费较低的项目。

此类招标方式可节约招标的时间与费用,但参与的单位或组织较少。

3. 竞争性谈判

竞争性谈判是选聘人成立的谈判小组分别与所选定的不少于 3 家单位或组织进行谈判。竞争性谈判一般需经历成立谈判小组、制定谈判文件、邀请参加谈判单位、现场谈判、确定成交单位这五个环节。

竞争性谈判适用于技术复杂或者性质特殊的项目,合同工期较短且无法事先计算咨询服务费的项目。

4. 直接委托

直接委托由采购人直接选定一家单位或组织,通过谈判达成协议并签订合同。它适用于任务较小、定额编制工作技术服务费用较低的项目。

无论采用以上哪种委托方式,建设工程定额编制的任务委托工作流程如图 1-3 所示。

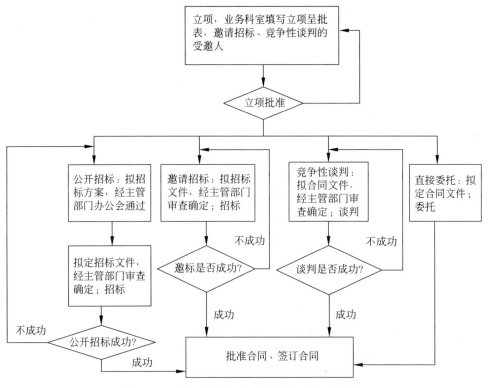

图 1-3 建设工程定额编制的任务委托工作流程

1.4 建设工程定额编制团队的组织形式

定额编制团队是由定额管理机构主导成立的从事具体专业工程定额编制的临时性机构。编制组是由定额管理机构专业人员组成专责小组并联合外聘专业人员、行业专家组成或仅由定额管理行政主管部门的专业人员与协助编制单位(以下简称协编单位)组成。

1.4.1　编制团队成员构成的基本原则

1. 编制团队成员的专业背景互补性原则

建设工程定额的编制是一项兼具技术性和实践性的复杂系统工程,要求团队成员拥有互补的专业背景,实现知识与技能的交叉融合,以充分应对建设工程定额的综合性与跨学科特性。此外,依据建设工程定额的专业特性,编制组核心成员的专业背景应有所侧重。例如,要编制建筑与装饰工程预算定额,团队成员应绝大多数拥有土木工程相关专业的学历背景;而编制安装工程预算定额时,编制成员应具有建筑电气、建筑智能化或者控制科学与工程等相关专业背景。

2. 编制团队成员的工作背景互补性原则

除了考虑编制团队成员的专业背景外,工作背景的匹配同样至关重要。一种较为合理的团队配置是:一方面,引入具备深厚理论研究背景的高级技术人员,以提供坚实的学术支撑;另一方面,集合拥有丰富现场施工经验、深入了解定额管理全过程的专家,确保实践应用的精准性。这样的组合能够有效融合理论与实践,全面提升定额编制工作的质量和效率。

3. 编制团队成员的专业性与通用性互补性原则

在签订任务委托合同之日就应成立建设工程定额的编制团队,此专业团队应设有固定的办公场所并配备若干名全职工作人员参与建筑工程定额编制工作的全过程,而编制团队的部分编制人员由全职人员统一协调,需在重大编制节点(如子目规划、子目初审等环节)参与相关的活动。

1.4.2　编制团队的人员组成

1. 工程造价管理部门的项目分管负责人

(1)具有工程类或经济管理类学历背景。

(2)具有高级以上专业技术职称资格。

(3)从事造价管理工作 10 年以上且具有丰富的工程管理经验。

(4)具备相关项目管理能力及类似项目管理经历。

（5）具有较强的协调与资源整合能力。

2．工程造价管理部门的技术负责人

（1）具有工程类或经济管理类学历背景。

（2）具有中、高级以上专业技术职称资格。

（3）从事造价管理工作5年以上且具有丰富的工程管理经验。

（4）具备相关项目管理能力及类似项目管理经历。

（5）具有较强的沟通与项目管理能力。

3．编制团队技术总负责人

（1）具有工程类或经济管理类研究生学历背景。

（2）具有高级以上专业技术职称资格。

（3）具有10年以上工程造价相关工作经验。

（4）具有有国家注册造价工程师执业资格或者一级建造师执业资格。

（5）具有定额编制的相关工作经验或编制经历。

4．编制团队各章节编制人员

（1）具有工程类或经济管理类本科以上学历背景。

（2）具有中级以上专业技术职称资格。

（3）具有5年以上工程造价相关工作经验。

（4）具备一定的技术能力及类似定额编制经历。

总之，建设工程定额编制人员资质应满足以上所列举的基本要点，还可以根据实际情况进行增减，项目分管负责人、项目技术总负责人和编制人员（无论外聘与否）在履行各自的工作职责时，还应重点关注以下四点工作内容。

（1）项目技术总负责人作为投标单位的核心成员，必须具备相关工作经验、职称以及专业资格。在每次工作例会上，项目总负责人都须亲自到场，负责组织和协调编制团队的成员及专家，共同完成定额编制的核心任务。

（2）编制专家应具备丰富的专业工程施工实践经验、定额编制工作的经验，同时拥有相关的工作经验、职称及专业资格。其主要职责涉及确定修订原则与方向、协商解决重大难题、审查项目关键阶段、全面负责定额的编制工作、参与编制工作例会等。

（3）为扩充定额编制团队的技术力量，编制团队可吸纳施工企业、造价咨询企业的技术负责人、行业协会负责人，以便于协调编制团队与知名企业间的信息与技

术交流。

（4）项目编制期间，定额编制工作委托人可结合项目编制需要，要求项目编制成员定期、短期或长期固定集中办公，项目编制成员不得缺席。此外，委托人保留对主要编制成员、编制专家的再选择、调整及更换权利。

1.4.3 编制团队的组织方式

编制团队成员确定以后，需要考虑编制团队的组织架构与组织方式。根据编制任务的特性和编制团队的实际情况，灵活选用以下所列举的编制团队组织形式。

1. 以专责小组为主导的组织方式

由定额管理机构专业人员组成的定额编制项目专责小组，主要负责定额编制的主要方向和对技术问题及质量水平的把控。依据定额编制工作大纲确定的方针、政策及措施内容，编制成员应具体参与到定额的编制工作中，包括组织例会、开展调研、调配资源、维持程序、化解疑难、掌控水平、主持评审、保证质量、梳理数据、建管档案等工作。以定额专业需要及个人专长为准划分职责、确定配员，通常每专业定额（建筑、装饰、安装、市政等）至少配备具体编制专责人员两名（AB角），定额与工料机库维护及市场信息搜集人员一名，专责小组组长一名。

2. 自主选择专业人员组建专家组的复合组织方式

根据多年的定额编制经验，选择具有态度积极、经验丰富、理论及实践功底深厚的专业人员组成专家组。专家组包括组长、技术负责人、编制人员及技术顾问。任务安排可依据子目规划所确定的章节为基本单元，每名编制人员的编制任务较为均衡，编制人员数量及专业要求应相对合理。

1.5　定额编制协编单位的资质审核

建设工程定额编制任务完成立项、审批及准备和任务委托等过程后便是对定额协编单位（或投标单位）的选择。无论采用公开招标、邀请招标还是竞争性谈判抑或直接委托确定的协编单位，都应重点审核委托单位或组织的资质情况。

鉴于能够独立承担定额编制任务的单位数量有限，且定额编制服务招标不宜将全部编制任务集中于单一单位，因此，委托单位在选择协编单位时应重点评估协编单位的统筹业务能力和组织编制实施的能力。此外,定额编制领域长期缺乏统一且严格的质量评估标准。在进行资格审查时,应重点考察编制人员的经验、行业背景、专业资质以及单位的业绩和行业声誉,以综合评定并确定合适的建设工程定额编制协作单位。对于工程造价管理部门来说,需要依据本次编制任务的内容、工期以及投标单位的实际情况综合确定中标单位的综合评判体系。

表1-2列举了某地预算定额编制工作确定任务委托单位的综合审查要点与评价体系,实际应用时可根据实际情况及编制对象的特点进行增减。

表1-2　某专业定额委托单位的综合评价体系

序号	评　分　项				得分
	报　　价				20
1	以所有通过符合性检查和不可偏离项检查的投标报价计算。 得分按下列公式计算: 　　　投标报价得分＝评标基准价÷投标报价×20 (1) 投标单位不超过×家时,满足招标文件要求且投标价格最低的投标报价为评标基准价,其价格分为满分。 (2) 投标单位超过×家时,满足招标文件要求且投标价格是平均投标报价下浮5%后的投标报价为评标基准价,其价格分为满分				
2	项　目　投　入				45
	序号	评分因素	权重	评分准则	
	2.1	服务、实施方案	5分	按照投标文件中对于组织机构、工作计划、职责划分、任务分工、关键节点控制、资金使用计划、自身优势、服务、实施方案等各方面进行客观分档评分: 评价为优得5分; 评价为良得3分; 评价为中得1分	
	2.2	解析项目重点和难点、提出解决方案	5分	按照投标文件中对项目重点难点的分析、挖掘及针对重点难点提出的应对解决措施等各方面进行客观分档评分: 评价为优得5分; 评价为良得3分; 评价为中得1分	

序号	评　分　项				得分
	项 目 投 入				45
	序号	评分因素	权重	评 分 准 则	
2	2.3	项目管理制度、进度安排计划及质量保证	5分	按照投标文件中对项目管理制度、项目进度计划、质量保证等安排的合理性等各方面进行客观分档评分： 评价为优得5分； 评价为良得3分； 评价为中得1分	
	2.4	项目完成（服务期满）后的服务承诺	3分	结合投标文件对项目完成后的服务承诺进行客观分档评分： 评价为优得3分； 评价为良得2分； 评价为中得1分； 评价为差不得分	
	2.5	编制专家承诺书（×名）	2分	结合投标文件中外聘编制专家违约承诺书进行评分，每人得0.5分；未提供、提供不全或专家无法凭所提供资料判断是否得分的情况，一律做不得分处理	
				注：本单位专家可免签承诺书，直接得0.5分，全部专家满足本项条件得2分	
	2.6	拟安排的项目负责人（×名）	5分	项目负责人必须具备的基本条件：必须是投标单位员工（提供社保、公积金证明），且具有10年以上工作经验，拥有造价工程师证书（××专业）。 满足以上基本条件得1分，否则本项直接计0分。 项目负责人还满足以下条件的： （1）拥有定额编制经历，加2分； （2）拥有工程现场管理经验（担任施工项目经理、技术负责人、工长、预算员等满足条件），加1分； （3）具有高级工程师职称或一级建造师（×专业执业资格）证书，加1分； （4）加分项可累计4分，不符合不计分	

续表

序号	评 分 项				得分
	项 目 投 入				45
	序号	评分因素	权重	评 分 准 则	
2	2.7	拟安排的项目编制成员情况（×名，项目负责人除外）	12分	4名项目编制成员都必须具备的基本条件：必须是投标单位员工(提供社保、公积金证明)，拥有中级工程师证书，不少于3年工作经验。满足以上基本条件得4分，否则本项直接计0分	
				编制成员还满足以下条件的： (1) 有过定额编制经历，每人加0.5分，4人可累计2分； (2) 具有造价工程师执业资格证书(×专业)，每人加1分，4人可累计4分； (3) 具有工程现场管理经验； (4) 担任施工项目经理、技术负责人、工长、预算员等，符合其中一项加0.5分，4人可累计2分。 加分项可累计8分，不符合不计分	
	2.8	编制专家（×名，可外聘）	8分	×名编制专家(可外聘)需具有×年以上工作经验(具有×年工程管理、执业资格工程造价咨询编审经验)，拥有中级工程师或造价工程师证书。满足以上基本条件得2分，否则本项直接计0分。 编制专家还满足以下条件的： (1) 拥有定额编制经历，每人加0.5分，4人可累计2分； (2) 具有高级工程师职称或一级建造师执业资格证(××专业)证书，每人可加0.5分，4人可累计2分； (3) 拥有累积15年以上专业工程现场施工、管理(担任施工项目经理、技术负责人、工长等)经验，每人加0.5分，4人可累计2分。 加分项可累计6分，不符合不计分	

序号	评　分　项				得分
	单　位　业　绩				20
	序号	评分因素	权重	评　分　准　则	
3	3.1	投标单位同类项目业绩情况	15分	满足下列3种任意情形的,均可加分(每项可累计15分,同时满足也可叠加分别计分): (1) 投标单位近×年(××××年××月至本项目投标截止时间前,以成果发布时间为准)每提供一个定额或相关标准规范编制的有效业绩得2分。 (2) 根据投标单位近×年(××××年××月至本项目投标截止时间前,以合同签订日期判定)承担过的工程造价咨询业绩(以签订的合同金额为准)情况进行分档评分: ① 不少于×万元的,每个项目得2分; ② 少于×万元但不少于×万元的,每个项目得1分; ③ 少于×万元但不少于×万元的,每个项目得0.5分; ④ ×万元以下的项目不得分。 (3) 根据投标单位近3年(××××年××月至本项目投标截止时间前,以合同或立项书的签订日期判定)承担过的科研项目进行分档评分: ① 承担国家级科研项目(包括国家"863"课题、"973"课题、国家自然科学基金课题、国家哲学社会科学课题),每个项目得2分; ② 承担省、部级科研项目(包括省自然科学基金、省哲学社会科学课题、国家各部委课题,不含行业协会),每个项目得1分; ③ 承担市级科研项目,每个项目得0.5分。 **注意事项:** (1) 定额编制经历需提供投标单位与相关主管部门签订的委托合同和成果文件编审名单页(必须是已印刷完成的定额)。	

续表

序号	评 分 项				得分
	单 位 业 绩				20
	序号	评分因素	权重	评分准则	
3	3.1	投标单位同类项目业绩情况	15分	(2) 工程造价咨询业绩证明资料至少包括造价咨询合同、造价成果文件封面(封面必须包含建设单位名称、工程项目名称、工程造价金额、编审人签字和执业印章、公司印章等)(均为扫描件,原件备查)。 (3) 业绩以项目为单位进行评审。一个项目签订多个合同的(或有多个标段的),其工程造价可以累加,但只按一项业绩计。 (4) 同一工程项目,无论编制或审核,也不分招标控制价、施工图预算、竣工结算(业绩不包括概算、可行性研究),只计一次分。 (5) 咨询业绩不包括为施工单位工程投标所编制的投标报价书。 (6) 科研项目证明需提供投标单位与相关主管部门签订的委托合同或立项书(已盖章)	
	3.2	投标单位获奖(荣誉)情况	3分	××××年××月至今,投标单位获得区级表彰、表扬的,每次得0.5分;获得市级表彰、表扬的,每次得1分;满分3分(包括市、区城管局,市、区住建局,市、区教育局,市、区审计局,市工务署、区工务局,市、区造价站科研,机构主管部门等的表彰、通报表扬、优秀的履约评价)	
	3.3	服务网点(场地)	2分	(1) 公司在本地注册的,得2分; (2) 子公司、分公司在本地的,得1分(满分为2分)。 **要求**:必须提供营业执照扫描件、场地租赁合同或产权证明等相关证明(均为扫描件,原件备查)作为得分依据	

序号	评 分 项				得分
	现 场 答 辩				8
	序号	评分因素	权重	评 分 准 则	
4	4.1	现场答辩情况	8分	投标单位的项目负责人应结合招标项目的需求、特点、修编方向、重点难点等做简短演讲,如投标报价低于预算金额85%的,应做出详细、合理的解释。现场答辩由现场专家通过现场提问等方式考察,进行综合、客观评分: 评价为优得7~8分; 评价为良得5~6分; 评价为中得2~4分; 评价为差不得分。 项目负责人未到场或未进行现场答辩的,本项不得分	
	诚 信 情 况				7
	序号	评分因素	权重	评 分 准 则	
5	5.1	诚信	5分	投标人在参与政府采购活动中存在诚信相关问题且在主管部门相关处理措施实施期限内的,本项不得分,否则得满分。投标人无须提供任何证明材料,由工作人员向评审委员会提供相关信息	
	5.2	履约	2分	近×年(以投标截止日期为准)有履约评价为差的记录,本项不得分,否则得满分。投标人无须提供任何证明材料,由工作人员向评委会提供相关信息	

从该实例招标、评标过程及中标结果来看,项目开展的实施方案、项目负责人、编制成员的工作经历、编制经验及综合能力等内容成为评判协编单位的重要因素。

1.6　建设工程定额委托合同的签订

通过上述合法程序,工程造价主管部门应尽快与中标单位签订编制合同。此类合同拟定的核心在于定额编制任务的相关要求和内容、价款用途及支付方式、合同履行期限及进度要求、当事人权利及义务、成果验收和违约责任等内容。完整编制合同应符合编制内容充实、编制要求明确、经费预算合理、项目进度得当、阶段性成果详细、当事人权责清晰等特点。表1-3为建设工程定额编制任务委托的合同样本,供读者参考。

表 1-3 建设工程定额编制任务委托的合同样本

一、项目基本情况

略

二、项目内容及要求

同招标文件中的工作内容及要求

三、合同价款

3.1 本合同项下总价款为人民币×万元整(小写￥×元)。

3.2 本合同项下总价款计算方式为 <u>按照相关计费标准估算</u> (具体描述见附件)。

3.3 本项目费用参照《中华人民共和国税法》《招标代理服务收费管理暂行办法》等,并结合项目实际情况,合同价款总计为人民币×元整(小写￥×元)。该合同价款包括完成本项目所有工作量和后续服务的全部费用,包括但不限于:

☑ 乙方专业工作编制组的劳务费用、交通费用、通信费用、办公用品购置费用;

☑ 研究资料购置费用、调研费用;

☑ 专业问题咨询费用;

☑ 成果文本排版、核稿费用;

☑ 成果公开展示费用;

☑ 其他 <u>各类税费、杂费</u> 。

四、合同履行期限

4.1 本合同履行期限为×个月,即从20××年××月××日至20××年××月××日止。

4.2 本合同履行期限届满后,如甲乙双方认为需要继续延长履行期限,应重新签订书面合同。

五、项目进度及阶段成果要求

5.1 甲乙双方组成项目组(项目组成员见附件×),从20××年××月××日开始工作,于20××年××月××日前提交最终成果。各工作阶段具体工作时间和内容安排如下:

序号	工 作 阶 段	成 果 文 件	提 交 时 间
1	市场调研、资料收集	调研报告	20××年××月××日
2	编制大纲、子目规划	定额子目编制大纲、子目规划报告	20××年××月××日
3	提交定额子目初稿	定额子目初稿	20××年××月××日
4	专家初审、修改调整	测算稿	20××年××月××日
5	水平测算、初稿定稿	测算报告	20××年××月××日
6	征求业内意见、修改调整	意见采纳情况汇总表	20××年××月××日

序号	工作阶段	成果文件	提交时间
7	专家终审,形成征求意见稿	征求意见稿	20××年××月××日
8	征求各相关主管部门意见,形成送审稿和最终测算报告	送审稿	20××年××月××日
9	配合成果报批、完成审批修改	交印稿	20××年××月××日
10	提交最终成果文件		20××年××月××日

5.2 在合同履行过程中,在必要情况下,经双方协商一致,可对上述工作进度和阶段成果要求进行调整,并将最终成果提交日期顺延。

5.3 服务期限(售后服务要求)

服务期限为定额使用寿命期内,乙方应在定额寿命期内协助甲方完成定额核查及有关定额勘误的相关工作。

六、当事人的权利和义务

6.1 甲方的权利和义务

(1)甲方应于本合同签订前取得合同项下项目的审批。

(2)甲方应及时配合乙方,对乙方在项目进行过程中与相关部门的沟通提供支持。

(3)甲方应于合同签订后1个月内协助乙方收集基础资料及开展现场调研(详见附件:基础资料清单)。

(4)甲方应按本合同第九条规定的时间足额向乙方支付各阶段合同价款。

(5)甲方有权以合理方式检查、督促乙方工作情况,同时应及时组织各阶段成果的汇报、审查、研讨、公开展示及公众咨询等工作,并及时将审查和征询结果以书面形式提交给乙方。

(6)甲方应指派专人负责与乙方联系,以及接受乙方就本项目的咨询;甲方变更联系人,应及时告知乙方。

(7)甲方要求乙方提前交付成果时,须征得乙方同意。对因此而增加的工作量,甲方应向乙方支付必要的费用。

(8)甲方有权要求乙方按合同约定内容交付项目成果。

(9)项目编制期间,甲方可根据项目编制需要,结合重要工期节点要求项目编制组员(×名,含编制负责人)定期、短期或长期固定集中办公,项目编制组员不得缺席。

(10)项目编制期间,甲方认为项目编制成员或编制顾问不合适的,有权要求乙方配合更换,乙方应无条件配合甲方更换项目编制成员或编制顾问。

(11)项目编制期间,甲方可根据项目编制情况组织安排工作会议(每月不少于×次),要求编制负责人、编制顾问、编制成员不得缺席会议。

6.2 乙方的权利和义务

(1)乙方应于双方签署合同之日开始本合同项下项目的工作。

(2)乙方应接受甲方合理的检查、督促,并在甲方的组织下,及时向甲方汇报各阶段的工作,接受甲方审查。

续表

（3）乙方应按有关法规、设计标准、技术规范，以及本合同约定的工作内容、技术标准、工作进度和成果要求进行工作，并按本合同第五条约定的工作进度向甲方交付成果。乙方应对其提交的成果质量负责。

（4）乙方应配合甲方组织、举办本项目各工作阶段的汇报、审查、研讨、公开展示及公众咨询等工作，并负责解答相应的技术问题。

（5）本合同项下项目成果通过本合同第五条约定的最终成果验收程序后使用期以内，乙方仍应配合甲方就本项目提供必要的解释和咨询。

（6）对于已经提交成果验收的各阶段成果文件，乙方应按照甲方提供的书面成果审查或审批意见进行修改和完善，并向甲方提供相应的书面报告说明成果修改的详细情况。未经甲方同意，乙方不得随意修改已经验收的成果文件。

（7）乙方应依据合同规定的工作内容和技术要求，组织具有相应能力的各层次技术人员组成项目组。经双方约定的项目组主要成员名单见附件×。本合同履行期间，原则上乙方不得替换项目组主要成员，如需替换，必须征得甲方同意。

（8）合同履行期间，乙方承担第三方委托的本项目范围内的其他项目时，应书面告知甲方；对可能与甲方利益冲突的项目，甲方有权要求乙方回避。

（9）未经甲方同意，乙方不得将委托项目分包或转包给任何单位或个人，否则甲方有权即刻终止合同，并要求乙方赔偿相应损失。

（10）未经甲方同意，乙方不得将委托项目与第三方合作。

（11）乙方应按照合同约定的工作阶段和成果提交时间及时向甲方交付项目成果。

（12）甲方向乙方提交基础资料的时间，或协助乙方开展现场调研的时间，超过本合同第6.1条约定的期限不足×个工作日（含×个工作日）时，乙方交付成果的时间按本合同第五条的约定顺延；甲方提交资料超过约定期限×个工作日以上时，双方应重新商定提交成果的时间。

（13）乙方在项目进行中，有权要求甲方提供合理的配合。超过×个工作日甲方未配合，乙方有权要求交付成果的时间相应顺延；超过×个工作日甲方未配合，乙方有权要求重新商定交付成果的时间。

（14）乙方应配合甲方组织专家参与编制工作，负责召开工作例会的准备工作，并负责撰写会议纪要。

七、项目成果

7.1 项目成果应包括：

（1）阶段性成果文件［包括人工费调研对比报告、市场调研报告、定额子目编制大纲及子目规划报告、测算方案、测算报告、初稿、征求行业内（主管部门）意见稿、各阶段的意见采纳表、送审报批稿等阶段性成果文件］。

（2）《××工程消耗量定额》印刷稿（已排版）、《××工程消耗量定额》工料机数据库、定额库（含新材料、机械的补充，价格的更新）。

（3）《××工程消耗量定额》编制说明、计算底稿、技术交底资料。

7.2 乙方应以纸质材料并附电子数据（光盘）的形式向甲方提供以上成果文件。

八、项目最终成果验收

8.1 甲方负责对乙方提交的最终成果组织评审,最终的定额测算价格水平应保证控制在±×％以内。

8.2 在合同履行过程中,必要时,甲乙双方可以协商调整项目最终成果。甲方如需乙方增加交付成果的数量,应由双方协商解决。

8.3 最终成果验收合格的标志为:

☑ 工程造价管理单位审查批准。

☑ 其他:

九、合同价款支付

9.1 除双方重新达成协议外,本合同履行过程中的价款支付均通过本合同中指定的甲乙双方银行账号进行。

9.2 本合同总价款分×期付款:

首期:自双方签订合同之日起＿＿×＿＿个工作日内,根据乙方提出的付款申请,甲方支付乙方人民币×万元(小写￥×元,占合同总价款的×％),此笔款项为□定金☑预付款。待合同履行完毕后,(□定金☑预付款)抵作合同价款。

第2期:乙方提交定额初稿并通过甲方验收后的×个工作日内,甲方支付乙方人民币×元整(小写￥×元,占合同总价款的×％)。

第3期:乙方提交通过专家初审、修改及进行定额初稿测算报告后的初稿×个工作日内,甲方支付乙方人民币×万元(小写￥×元,占合同总价款的×％)。

末期:乙方提交《××工程消耗量定额》终稿后,并通过最终成果验收后×个工作日内,甲方支付乙方人民币×万元(小写￥×元,占合同总价款的×％)。

十、成果权属

☑ 本合同项下所有研发成果的权属归甲方所有。

☑ 甲方拥有本合同项目的所有中间成果和最终成果,以及与之相关的所有权利。

十一、保密条款

11.1 甲乙双方应遵守国家的有关保密规定,妥善保管对方提供的资料,保守对方的各项秘密,并保护对方的知识产权。

11.2 未经对方许可,任何一方均不得将对方的资料或成果向第三方转让或用于本合同项目外的其他项目。如发生以上情况,泄密方承担一切由此引起的后果,并支付对方合同总价款×％的违约金。

11.3 乙方须以保密方式处理双方直接或间接提供的任何资料,以及因本项目工作所直接或间接取得、处理或接触的任何其他资料。未经甲方同意,不得向第三方透露任何有关项目的内容,或公开任何项目中间成果或最终成果。如发生以上情况,乙方承担一切由此引起的后果,并向甲方支付合同总价款＿＿×＿＿％的违约金。

十二、合同违约责任

12.1 甲方违约责任

(1)甲方变更委托项目内容、规模、条件,或对所提供资料做较大修改时,应于确定修改之日起×个工作日内书面告知乙方。因以上原因造成乙方返工,工作量按本合同规定的计费标准计算未超过合同总价款的×%时,甲方应按乙方返工所耗工作量向乙方支付返工费;工作量按本合同规定的计费标准计算达到或超过合同总价款的×%时,双方应协商签订补充协议或另行签订合同,重新明确有关条款。

(2) 甲方未按本合同约定,延迟支付合同价款的,乙方有权要求甲方支付该阶段合同价款每日×‰的逾期违约金,逾期违约金总额不超过合同总价款的×%,且乙方提交成果的时间顺延。逾期超过×个工作日(含×个工作日)以上时,乙方有权暂停履行下一阶段工作,并书面通知甲方。因政府内部工作导致甲方迟延付款的,乙方应给予最大程度的谅解。

12.2　乙方违约责任

(1) 未经甲方许可,乙方将本合同项目与第三方合作,或将本合同标的的全部或部分擅自转包给第三方的,甲方有权要求乙方终止与第三方的合同。乙方应承担因此而产生的相关责任。

(2) 由于乙方工作的错误或遗漏造成本项目成果质量损失的,乙方除负责及时采取有效补救措施外,应免收受损失部分的合同价款,并支付合同总价款×%的违约金。

(3) 乙方未按本合同第6.2条的约定,擅自修改已经提交验收的成果文件的,应承担因此产生的一切后果,并赔偿甲方合同总价款×%的违约金。

(4) 本合同履行期间,乙方未能按合同约定的日期(含协商延缓的日期)提交成果的,甲方有权要求乙方支付该阶段合同价款每日×‰的逾期违约金,逾期违约金总额不超过合同总价款的×%。

(5) 未经甲方同意,乙方擅自变更附件×约定的项目组主要成员,甲方有权责成乙方采取补救措施或调整项目组主要成员构成。

(6) 本项目最终成果验收后使用期以内,乙方未按甲方要求就本项目提供必要解释和接受咨询的,甲方可要求乙方返还合同总价款×%的费用。

(7) 合同履行期间,乙方承担第三方委托的本项目范围内的其他项目,但未书面告知甲方的,一经发现,无论合同正在履行或已履行完毕,甲方均有权追究乙方责任,并要求乙方支付合同总价款×%的违约金。

在实际应用中,建议将上述示例与具体情境相结合,对合同条款进行适当的修订与补充,以确保其适用性和有效性。需要强调的是,定额编制组中的专责小组与专家组或协编单位之间的职责划分应明晰。专责小组不仅要把控待编制定额的质量与进度以及专家人员资质的审核,还应重点关注定额编制到过程中的重大政策问题、技术问题、价格与税费等问题;而专家组及协编单位则从事调研、采证、统计及辅助性质的工作。

第2章 建设工程定额的编制规则

规则是工作、作业应遵循的方法和法则,是对工作或作业的具体要求、规定和说明。本书所指的规则是一种规定的"方法指引、作业指导",即为实现定额的规范编制、科学测定、合理评审而规定的一些重点提示、操作说明及为保时保质完成编制任务的方法。建设工程定额的编制规则强调了工作中应遵循的方法和原则,是对工作的具体要求、规定和说明。

建设工程定额的编制是一项复杂的系统工程,需要多部门协调合作。一般而言,其编制过程需经历以下九个主要步骤。

(1) 预备及施工工艺调研。

(2) 制定编制要点。

(3) 编列定额章节及子目。

(4) 详细编制子目的工作内容、单位、说明以及工程量计算规则。

(5) 测定子目中工料机要素及其消耗量。

(6) 确定这些要素的价格。

(7) 计算子目的工料机费用、综合单价以及全费用综合单价。

(8) 建立并管理工料机库进行汇总、编辑。

(9) 形成定额章节、子目的文字说明及数据表格。

2.1 资料收集与现场调研

2.1.1 资料收集与分析

参考新工艺、新规范、新标准、新政策以及新定额是确保定额编制质量和进度控制的核心要素。收集与整理政策性、方向性、时效性强的文件与技术资料将有利于调研与编制工作的顺利进行。基础资料收集完毕之后,还应注重对相关资料的归纳与分类。其把控要点可归纳为以下十个方面。

(1) 定额编制工作计划(立项报告)、工作大纲、编制规程、规则、标准、中标合同的工作内容要求等。

（2）本专业及相近专业的工程定额（国家、本省市及相近省市定额）、现行计量及计价规范、价格信息等。

（3）现行设计、施工及验收标准规范、标准图集、质量评定标准，现行安全技术操作规程、规范，现行劳动保护法律法规等。

（4）典型项目施工图及作法说明、典型项目的工程造价计价成果文件。

（5）拟编子目的工艺、材料及机械设备施工作业示意图、影像资料、施工记录、施工日志等。

（6）待修编定额日常过程中的问题统计汇总、问题解答记录、补充子目汇总，相关专业工程计价问题等。

（7）人工费、材料费、机械费、管理费、利润、税金等要素市场价格及税费信息，包括最新的市场劳务价格（计件、计时价格）、主要材料价格、机械价格（台班构成要素价格、租赁价格）及其交易模式、方式（劳务合同、机械租赁合同）等。

（8）有关技术资料、学术报告、文献、会议记录、资料等。

（9）新技术、新材料、新设备、新结构和新工艺等相关资料。

（10）现行有关工程计价及标准的法律法规、政策规范及其他有关工程技术、管理、经济及市场等资料。

2.1.2　现场调研环节

调研工作包括撰写调研计划、选择调研方式、设定调研提纲、开展调研工作、撰写调研报告五个步骤。

1. 撰写调研计划

调研工作的第一步是撰写调研计划。调研计划的内容包括调研依据、目的、对象、要求、方式（文献、问卷、抽样、访谈、会议等）、频次（事前、事中、事后、阶段性等）、时间、地点、人员、时限要求、调研主题、问题设定等内容，其中所选定调研对象应涵盖建设单位、施工单位、设计单位、造价咨询单位。

为保障调研工作的质量和进程，定额编制组在分析问题时的出发点、问题逻辑、问询方法以及工作程序，都应明确体现在调研计划中。

2. 选择调研方式

调研方式选择的科学性决定了调研工作的整体质量。除注重多渠道、多方式收集和分析文字资料、网络信息外，还应针对性开展问卷调查、抽样调查、访谈调查、施工现场信息采集等调研活动,既要有针对整体框架的调查、了解,也要有针对技术细节的调研、考察。常用的调研方式及适用情形如下。

1）文献调研法（收集、研究前述基础资料）

文献调研法因其资料收集时空范围广、操作简便易行、调研成本低、便于纵向分析以及效率高等特点,成为定额编制调研工作开展的主要方式。它特别适用于对已有现成定额资料数据的分析与调证。在编制内容及范围方面,各章节编制人员需对前述基础资料进行收集、整理、分析、提炼、应用准备及分类管理。对于未能及时获得的资料,可提出资料名目并聘请专人进行收集。然而,文献调研法也存在真实性、时效性及代表性差的不足,以及可靠性与精确度较低的问题,其应用时应权衡利弊,合理使用。

对于专业性较强的定额编制工作而言,文献调研法侧重于相关建设工程定额的收集与整理,如全国及相关省市同类建设工程定额、待修订版本的建设工程定额及其他专业的建设工程定额都是亟待认真研究的一手资料。定额子目之间的比对工作也将会给编制人员带来较大的启发性,如定额子目的设置方式、同类子目间人工消耗量的差异性、所耗费材料的种类及数量的异同点、涉及施工机械的种类与消耗量的差别性。表 2-1 为建设工程定额编制的文献调研设计样表,其设计目的是着重分析不同地区的同类定额中人工的消耗量、材料的种类与数量、施工机械的种类与数量的差异性。

表 2-1　建设工程定额编制的文献调研设计样表

××分项工程				
子目来源		地区 1	地区 2	地区 3	……
子目名称					
工作内容					
子目单位					
人工消耗量	单位				
普通工人					
技术工人					
高级技术工人					
材料消耗量	单位				
材料 1					
材料 2					
……					
机械消耗量	单位				
机械 1					
机械 2					
机械 3					
……					

2）问卷调查法

问卷调查法是指通过设计问题、填写答案的方式记录内容的调查方法。问卷调查法具有范围广、效率高、易量化、便统计的特点，是定额编制调研工作的主要方式之一。例如，在计价应用中常见的问题，如漏项、错项、重复计项、价格错误以及文字表述、数据准确性问题，特别是关于定额子目中人工、材料、机械台班的消耗量，以及人工费劳务市场计价价格、材料价格、机械台班价格等构成要素的价格采集问题，特别是那些具有普遍性、影响重大并涉及数据采集的问题，均可先采用公开发布的问卷调查方式进行调研。

问卷设计是开展问卷调查的关键环节，应重点遵循以下五点设计原则。

（1）合理性原则：在问卷设计之初要找出与调查主题相关的要素，使问卷主题与调查主题相关。

（2）一般性原则：问题的设置应具有普遍意义。

（3）逻辑性原则：问卷的设计要有整体感，即问题与问题之间要具有逻辑性。对于独立的问题，也不能出现逻辑上的谬误。

（4）明确性原则：问题设置的规范性，表现为命题是否准确、问题是否清晰、提问是否便于回答。

（5）可逆性原则：应设置回答者姓名、联系电话或者电子邮箱等信息，以便进一步的沟通与交流。

由于建设工程定额编制的专业性特点，问卷发放前期应有针对性选择问卷的受访者。编制单位可向行业协会、政府主管部门申请协助联系知名施工企业、设计单位、咨询企业并确定业务联系人的姓名和联系方式，保障后期问卷回收的及时性与完备性。借助移动互联网平台，将调查问卷的填写地址发布到指定联系人这一方式，可节省调查问卷的回收时间。

3）抽样调查法

抽样调查是从全部调查研究对象中抽选一部分单位、项目或个人并据以对全部调查研究对象做出估计和推断的一种调查方法。抽样调查法具有经济性好、实效性强、适应面广、准确性高的特点。因为抽样调查法本身具有其他非全面调查所不具备的特点，因此借助抽样调查数据可用来推算总体，具体内容如下。

（1）调查样本是按随机原则抽取的，在总体中每一个单位被抽取的机会是均等的，被抽中的单位在总体中呈现均匀分布，且代表性强。

（2）以抽取的全部样本单位作为一个"代表团"，用整个"代表团"来代表总体，而不是用随意挑选的个别单位代表总体。

（3）所抽选的调查样本数量是根据调查误差的要求，经过科学的计算确定的，在调查样本的数量上有可靠保证。

（4）抽样调查的误差在调查前就可以根据调查样本数量和总体中各单位之间的差异程度进行计算并控制在允许范围以内，调查结果的准确程度较高。

基于前述特点，抽样调查被公认为是非全面调查方法中用来推算和代表总体的最完善、最有科学根据的调查方法。对于无法进行全面、一次性调查的事项，如定额的适用性、方便性及可操作性等综合类问题，利用抽样调查法可高效地判断假设的真伪。抽样调查法还常用于定额消耗量的社会平均水平检验、子目综合单价的准确性检验、增值税"价税分离"计价依据调整方案等。

4）典型调查法

典型调查是根据调查目的和要求在对调查对象进行初步分析的基础上，选取少量具有代表性的典型单位进行深入细致的调查研究，用于认识同类事物发展变化规律及本质的一种非全面调查。典型调查法要求搜集大量的第一手资料，对其进行系统、细致的解剖后，得出用以指导工作的结论和办法。应用典型调查法应注意以下问题。

（1）正确选择典型——先进典型、中间典型和后进典型。当研究目的是探索事物发展的一般规律或了解一般情况时，应选择中间典型；当研究是以总结推广先进经验为目的时，应选取先进典型；当研究目的是帮助后进单位总结经验时，应选择后进典型。

（2）注意点与面的结合。典型虽然是同类事物中具有代表性的部分或单位，但仍属于普遍中的特殊和一般中的个别。因此，对于典型的情况及调查结论，要注意哪些属于特殊情况，哪些可以代表一般情况。要慎重对待调查结论，对于其适用范围要做出说明，特别是对于要推广的典型经验，必须考察、分析是否具备条件是否成熟，切忌"一刀切"。

（3）定性分析与定量分析结合。不仅要通过定性分析找出事物的本质和发展规律，还要借助定量分析对调查对象的各个方面进行分析，用于提高分析的科学性和准确性。

典型调查法是定额编制中常用的调研方式，如在编制过程中对定额子目消耗量水平的测试与鉴定、对定额人工费和机械台班费用的测试、对各项税费利润标准的总体水平的把握，均需要代表性的典型工程来对新旧定额、税费标准进行对比测试，以确定消耗量、价格及费率标准的合理性。表 2-2 为典型调查的设计样表，可根据实际情况适当增减。

表 2-2　某地装饰定额编制典型调查计划表

建筑类型	项目名称	在建状态	参观时间	参与人员	联系人	联系方式	备注
幕墙工程	××大厦	在建					
	××大厦	在建					
公共建筑	××口岸	在建					
	××大厦	在建					
高档酒店	××酒店	在建					
	××酒店	建成					
住宅	××商品房	在建					
	××保障房	在建					
学校	×××校区	在建					
	×××体育馆	建成					
医院	××附属医院	在建					
	××人民医院	在建					
高档写字楼	××科技大厦	在建					
	××科技大厦	建成					
家具加工厂	××加工厂	在建					
	××加工厂	在建					
门窗加工厂	××加工厂	在建					
	××加工厂	在建					

5）访谈调查法

访谈调查法是以直接交谈方式搜集客观的、不带偏见的事实材料，以说明样本所代表总体的一种方式。访谈调查法既有事实的调查，也有意见的征询，可以对受访人员的工作态度与工作动机等较深层次的内容进行较详细的了解，能够简单迅速地收集多方面的分析资料。

在定额编制工作中，访谈调查法主要适用于对专业人士、业内专家等相关人员专项意见的咨询、疑难解答和方向性、方法性问题的确定，如对于定额子目人工费采用"量价分离"式还是"计件价格"式等问题的咨询。表 2-3 为建设工程定额编制访谈调研计划表，应依据编制对象与调研的内容做适当修改。

此外，寻找典型企业时应注意前期与相关人员的沟通，必要时定额编制的主管单位及相关行业协会也要给予必要的工作协调，通过公函或介绍信等方式协助编制团队联系调研单位。

6）会议调查法

会议调查法是调查主体（调查者）利用现场会议这种形式，召集一定数量的调查对象（被调查者）用以搜集资料、分析和研究某一社会现象（调查内容）的一种调查方法。它是定额编制工作中常用的方法之一，用于收集资料、研究问题与征询意见。表 2-4 是某地装饰工程建设工程定额的会议调查通知样例，仅作参考。

表 2-3 建设工程定额编制访谈调研计划表

调研主题	
	计划调研日期： 年 月 日
调研对象	调研方接洽人
调研地址	接洽人联系方式
调研内容	
调研方式	
调研人员安排	姓名 联系方式
经费预算	
备注说明	

表 2-4 某地装饰工程建设工程定额的会议调查通知

关于邀请协编单位参加定额初审的通知

各协编单位：

《××装饰工程定额》编制组拟××××年××月××日至××日于××会议室进行为期三天的定额初稿的集中会审。现需各协编单位指派熟悉施工工艺人员 1 名、造价工程师 1 名参与审核。各协编单位请填写参会回执发送到指定邮箱，与会人员请提前审阅"工程定额初稿审核"的文字版，将问题与意见带到会审现场。

《××装饰工程定额》编制组

××××年××月××日

参会回执

协编单位名称

请填写与会人员信息

姓名 职务 业务专长 移动电话 电子邮件

提示：

1. 请将该表格于××月××日前发送到××邮箱。

2. 具体会审地址将电话通知参会人员，请提供完整的移动电话信息。

3. 与会人员请提前完成初审定额审核（已经提前发送给各协编单位）。

会议调查法的有效实施关键在于前期的周密策划和现场会议的精心组织，尤其是会议主持人的引导作用至关重要。主持人应当能够有效地引导与会专家围绕会议主题，充分阐述各自对于议题的看法和见解，确保会议讨论的深入性和有效性。开展会议调查的核心是对参会专家的专业背景与工作背景的选择，某地装饰工程预算定额编制过程中多次邀请若干家大型综合企业的建造师与造价工程师参会，共同把控定额子目设置的科学性与合理性，以及定额子目、材料与机械消耗量的合理性等重大问题。

7）实地调查法

实地调查是应用科学的方法，在确定的范围内对现实发生的活动或现象进行实地考察并搜集大量资料以进行统计分析与决策的调查方法。

建设工程定额的编制工作要反映地区最新的施工工艺与新材料的应用推广，需要提前确定实地调研的项目与调研的内容，规划好实地调研的人员分工与协作安排。例如，某地建设工程预算定额编制过程中，按照子目规划的章节确定各章调研的主要负责人和调研小组其他成员，共同起草调研内容，如负责人在调研现场与相关技术人员进行沟通与交流的同时其他人员负责记录、拍照。表 2-5 为现场调研计划样表，可依据编制对象的特点与内容做适当修改。

表 2-5　现场调研计划样表

规划子目章节			规划子目名称		
章节负责人			编制组成员		
现场调研内容	子目设置合理性		子目合并/细分建议		
	子目工作内容	与施工过程是否相符合：			
		工作内容可否继续优化：			
		其他建议：			
	人工消耗量	高级技工		技工	普工
	材料消耗量	材料1			
		材料2			
		材料3			
		材料4			
		……			
	机械消耗量	机械1			
		机械2			
		……			
备注					

8）统计调查法

统计分析作为一种定量分析方法，是对调查资料的具体化和数量化分析。统计调查法是通过问卷、抽样、访谈、文献等方法搜集资料，运用统计的方法来处理数据，得出事物变化、发展规律的调查方法。统计调查法应主要围绕以下五个步骤实施。

（1）整理。对调查获取的资料进行校编，对一些有明显错误和疏漏的资料进行处理，将问题较多的资料直接作废，对某些反馈问题较少的资料进行个别调查。

（2）分类。根据调查研究的目的和任务，按照某些分类法将所研究的总体划分成若干性质不同的部分或不同组别。

（3）编码。

（4）制表或制图。

（5）计算统计值。

对整理后的资料进行统计分析，包括描述性统计分析和推断性统计分析。

最后，编写调查统计报告，以反映调查的成败及调查结果。

在实际应用中，如需进行子目消耗量测定、子目人工费劳务市场计件价格分析、定额水平测算等大量数据分析工作，统计调查法是一种常用的方法。再如，编制机械台班定额中的折旧率指标时，可以借助数理统计分析方法确定本地区同类机械的折旧数额，估算合理的折旧区间，计算得出每种机械的折旧率。

3. 设定调研提纲

无论选用哪种或哪几种调研方式，均需规划好调研提纲。调研提纲是对普适性、通用性较强问题的梳理与归纳，应围绕定额编制的重点、难点与焦点问题逐步展开，如与相关专业定额的匹配，定额费用计取，定额子目缺、漏、错、重等问题均需详尽设计调研提纲。

调研提纲的常见形式包括问题式和叙述式两种类型。问题式调研提纲适用于问题的形式简明扼要、问题逻辑清晰并通俗易懂的提纲设计模式。回答者能理解问题并做出针对性反馈，如询问某一子目工作内容工序有哪些、工人每工日的必要劳动时间、工人班组人数的组成等问题。叙述式适用于以论述、评论的形式了解受访者对某一问题的看法和认识。如对钢筋工程量计算规则如何设定有利于提高计量准确性、适用性，材料二次运输应如何取费等内容。表2-6为某地建筑装饰预算定额编制工作所设计使用的调研提纲，其综合采用了问题式与叙述式两种提问类型。

表 2-6　某地建筑装饰工程定额编制调研提纲样表

《×××建筑装饰工程定额》调研提纲

为更好地完成《×××建筑装饰工程定额》的修编工作,特制定此调研提纲,请各章负责人细化调研的内容并提出修改建议。

1. 现行装饰定额过程中,哪些定额子目已不再适用?

2. 在装饰工程建设中应用现行装饰定额无法计价的新工艺、新技术、新材料、新设备有哪些?

3. 在使用现行装饰定额过程中,各章节说明、工程量计算规则、定额计量单位、工作内容是否存在不合理或容易引起争议之处?

4. 在使用现行装饰定额过程中,人工费明显不合理(偏高或者偏低)的定额子目有哪些?

5. 在使用现行装饰定额过程中,哪些定额子目的材料(机械)种类、规格、型号、材料(机械)消耗量或材料单价与实际存在差异?

6. 各章节负责人注意收集装饰工程劳务用工计件价格(每平方米或每米劳务人工费),包括铺地面砖、铺大理石、抹灰(内、外墙)、抹灰面油漆(内、外墙)、外墙面砖、轻钢龙骨天花等(可根据工艺进行细分报价)。

7. 注意交流在使用现行装饰定额过程中的不方便与有待改进的内容。

4. 开展调研工作

根据调研计划,设定调研的对象、时间和方式,并以调研提纲为主线来开展调研工作。在此过程中,应特别关注调研的真实性与实践性,并注意以下事项。

如采用问卷调查或抽样调查的方式,应做好对受访者问答前的问题定义、填表注意事项等的解释、培训工作,还应记录受访者的姓名及联系方式,以备后期核实求证。必要时,应先做小规模问卷的发放与回收工作,以检测调查问卷设计的科学性与合理性。

如采用点对点或群体性面对面等现场调研方式,应做好拍照、录音、录像及现场笔录工作,会议照片、会议纪要等资料均应作为编制过程的佐证材料提交主管单位。

5. 撰写调研报告

调研报告是对调研工作的总结,也是对下一步编制工作的指引,包括调研依据、过程、内容、方法、答复情况分析、答复结果分析、结论建议等内容。

撰写调研报告应注意以下几方面的内容。

(1)针对性强。调查研究通常都有事先确定的主题,所以调研报告应围绕特定的内容展开论述,内容不宜涉猎过多。如涉及多个专题需开展调查研究,可分成若干子报告,最终汇总成为综合性报告。

(2)叙述中应有议论、推理,调研报告的写法应该是既有叙述的部分,又有分析、讨论的部分。要把调研的事情说清楚,还应有理性、客观的分析评论。

(3)以事实阐明报告观点。调研报告以调查案例为依据,用事实阐明报告的主要观点,经过反复、深入、细致调查得出客观结论。

表 2-7 为某地装饰预算定额编制过程中对甲级在建写字楼的实地调研报告,它侧重于对于调查过程的描述与问题总结。

表 2-7　调研报告样例

××大厦——甲级写字楼的调研报告

导语:××大厦位于深圳市南山区赤湾片区港航路以北,项目总建筑面积 82126.53 m²,地下 3 层,地上 33 层,建筑高度 158.1m,是一座集物流、办公为一体的综合性大楼。

某有限责任公司承建的××大厦项目工地正在进行外玻璃幕墙工程、楼地面工程、墙柱面工程及相关设施的安装。

调研主要围绕成品玻璃幕墙的制作过程与安装工艺进行展开,整块外墙玻璃自重较大,安装工艺比较复杂。

室内墙柱面采用干挂石材的做法。由于石材块料较大,基层采用钢龙骨且钢龙骨间距较小。

首层大堂采用艺术型吊顶,并与项目经理就普通吊顶与艺术型吊顶的划分及人工的消耗量进行了探讨。

由于项目全寿命周期采用了 BIM 技术,在碰撞分析、机电综合布线、精装修参数化设计等方面进行了创新性的应用,节省了时间与人力成本;模拟了整栋建筑的采光与通风,指导了外玻璃幕墙的设计与安装过程。

本次调研应考虑的问题如下。

1. 这种 5A 级写字楼在现行的装饰工程定额多大程度能涵盖整个项目的列项与计量?

2. 哪些较为成熟的装饰施工工艺还未纳入新编定额之中?

3. 成品玻璃幕墙按照现有的子目规划进行测算,两者之间的差异性有多大?

4. 当前移动脚手架的计量方式是否合理?

5. 梯级吊顶与一般吊顶如何区分?

汇报人:×××

××××年××月××日

2.2　建设工程定额章、节、目的设置

建设工程定额章、节、目的设置也称定额的子目规划,是定额编制的提纲或纲要。子目规划是整本建设工程定额编制的总纲与灵魂,章节、子目划分的科学性与合理性将直接影响到子目编撰与测算的便捷性与科学性。

可根据施工图设计及施工工艺的常规分类方式、专业分工的特点及分部分项工程的形体、结构构件和设备特征设置定额的章、节、目。子目规划应遵循简明实用、内容覆盖面广的原则,并体现新技术、新工艺、新材料等信息。同时,依据行业标准与国家标准的要求对定额子目进行分类与设置。

在工程计量计价的精确度、体积与规格变动幅度较大且造价占比较高的子目中,步距的划分与设置应力求全面、细致,而对于变动较小、造价占比相对较低的子目,则可采取更为综合、简略的设置策略,同时需与现行国家定额体系中的章、节、目的编排方式相协调。

章的设置应参考相关专业的分部工程(按单位工程的工程部位、构件性质、设备种类的不同而划分工程项目),如建筑工程中的土方、桩基、钢筋混凝土结构,装饰工程中的楼地面、墙柱面、天棚等,这些均与国家标准清单规范相匹配。

节的设置应参照相关专业的子分部工程(分部工程下一级列项单元,按照不同施工工艺、方法、不同材料等确定)、分项工程(按照不同的施工工艺、方法、不同材料等确定)的划分,如建筑工程中的人工挖土方、打预制混凝土方桩、不同混凝土构件(子分部、墙柱梁板等)模板、钢筋混凝土浇捣(分项工程)以及装饰工程中的整体面层、块料面层等。

子目设置还应注意对相同工艺、相同做法、相同材料的分项工程下不同深度、不同长度、不同规格(最基本列项计量计价单元)的划分,应与建筑材料市场的常用规格、常见的施工工艺等内容一致,如建筑工程中人工挖一、二类土方,楼地面装饰工程中的陶瓷地面砖规格0.10m^2内、0.36m^2内、0.64m^2内的区分情况。

定额章、节、目的编列报告是编列子目后的一个总结与交底,也为下一阶段工作的开展奠定基础。章、节、目的编列报告应重点说明子目变化(新编定额章节子目设置,或修编定额相较原定额章节子目的增加、删除)的理由和未来采样、测定的工作设想。定额章、节、目编列报告应及时反馈给定额编制管理部门,经确认后开始子目测算等后续工作。

2.3 建设工程定额的文字说明与工程量计算规则

建设工程定额的文字说明及工程量计算规则的确定,既要结合国家标准清单,又要考虑区域施工工艺特点及市场交易现状等因素,在整个定额编制过程中尤为关键。

2.3.1 子目说明或章节说明

子目说明是指章或表注部分的子目计量计价说明,它应用于在不同工程实际情形(材质、规格、外形、数量、内容、工艺及环境等变化)下定额子目的选择与调整(工、料、机消耗量乘以调整系数)。

编制人员应熟悉、掌握本地区常见的施工工艺及计价情形,在定额标准内容、标准工艺的基础上,分析施工计价工作中的不确定性。章说明的设置目的是将子目内容及其价格适用情形表述清晰,并针对工程实践中常见子目内容又无法涵盖的情况进行调整。

2.3.2　工程量计算规则

工程量是工程实体成果及措施项目的数量体现,工程量计算规则是定额子目应用的工程量计算方法与确定规则。以现有定额相应、相近子目定额工程量计算规则为基础,本着"全面、严谨、明确、规范"的原则制定定额子目的工程量计算规则。计算规则切实反映设计、施工实际,简要地反映工程实体,做到不同专业、不同章节、不同子目的规则文字表述相一致。例如,"按设计图示以体积计算""按设计图示尺寸乘以单位理论质量计算"等,避免子目重复、矛盾与含糊不清。此外,依据编制经验,在制定工程量计算规则时应特别注意下列问题。

按"长度"计量的工程量计算规则,应明确该长度是中心线、外边线、外围长度(外径)还是内接净尺寸(内径)等,必要时指明其图示起止点位置,以及包括什么(如管线长度包含管件长度)。

按"面积"计量的工程量计算规则,应明确该面积是展开面积、外围面积、接触面积还是投影面积,必要时指明图示实体之高(长)、宽度位置和文字说明(如楼地的面面积是否包含柱断面)。

按"体积"计量的工程量计算规则,应尽可能指明图示实体的计算空间区域(长、宽、高、厚或断面面积)与线、面边界具体位置(如算至××侧面)及文字说明(如梁体积包含梁头)。

按"质量"计量的工程量计算规则,通常是在几何尺寸基础上乘以单位几何尺寸理论质量计算,应当明确长度、面积或体积单位质量的规定。

按"个""套"等自然单位计量的工程量计算规则,只要按图示或实际使用数量计算即可。

对于规则中"增加(并入)""不增加"或"扣除""不扣除"的工程量计算规则,在前述几何尺寸工程量计算规则中应予明确"增加(并入)""不增加"或"扣除""不扣除"的设计及工程实践情形,如并入××体积、不扣除构件内钢筋、预埋铁件及墙、板中 $0.3m^2$ 以内的孔洞所占体积等。

2.3.3　子目工作内容的确定

定额子目编列完成后,便是对子目具体工作内容的设定和选择,依照"全部内容→基本工序→要件选择→最终设定"的工作程序,本着"着重忽轻、界限明确、勿重勿漏、依序陈列"的原则进行编制。

　　总结施工操作规范及验收标准的核心内容与技术把控点,将主要工序与重点内容表述清晰,而辅助性、对计价影响不大的次要工序则需省略。工作内容涵盖范围界定清晰,强调工序内容中的起始点(如清理基层、放样、准备等)、终结点(清理、修整、校正等)、争议点(整理、调整、移位、擦缝、填塞、锚定、拼装、运距等),以免新编子目出现混淆、重复、疏漏与矛盾。以某地预算定额编制为例,基于以上分析得出的编制样表如表 2-8 所示。

表 2-8　定额子目文字说明与工程量计算规则规划样表

序号	子目名称	规格	计量单位	市场成交单位	工作内容	工程量计算规则	规则解析说明	备注

2.4　建筑工程定额规则编制要点

依照编制工作大纲要求,编制作业启动前应做好基础准备工作,包括设计各阶段编制测算表格模板、明确通用数据的规定、统一名称术语和符号代码等。实际编制过程中,可结合各专业的特点进行适当调整。

2.4.1　通用数据规定

编制建设工程定额子目的具体内容之前,首先注意各子目的合理区分,如人工工种比例(各工种取定及占比)、材料损耗率、人工幅度差、机械幅度差、模板周转次数、各种周转材料摊销次数、各工种人工工日(普通工、技术工、高级技术工)单价、材料价格、机械台班价格取定日期、费用计算公式及取费标准等。

各章节技术负责人需要依据编制章节的特点,参考国标清单、国家基础定额及各类技术资料共同制定通用的数据规定并在后续各章节编制中严格执行。

2.4.2　名称术语、符号代码及计量单位

1. 名称术语、符号代码

定额的名称、用语、术语、符号代码等内容要与现行国家设计、施工规范、标准及定额保持一致。对于章、节、目名称、工作内容、单位、定额子目工料机名称、规格、单位等的专业术语及符号代码应表述准确、规范。

2. 计量单位

为便于统计和计算工程量,定额计量单位应根据分部分项工程的结构特征和设备特征综合确定,还应以法定单位为主。对于工程量大或单位价值低的定额子目,计量单位可适当扩大。按照国家定额确定定额子目计量单位和同一类定额项目的计量单位应统一。对于大多数常见的子目,其计量计价单位与国家或地方现行定额相一致即可。新编具体子目的单位应取决于其计量计价规则,选择用几何尺寸、质量或数量。例如,储物柜、吊柜是按延长米、投影面积还是体积计算应视其市场交易习惯、工料计量便利性及规格尺寸标准等因素共同决定。

对于子目单位是采用 1、10、100、1000 为系数(如 m³、10m³、100m³、1000m³)或 kg、t 的数量级问题,原则上应视子目中工料机消耗量单位的设定惯例。例如,子目人工工日、机械台班消耗量的整数位数以不超过两位数且不大于 30 个工日或台班(经验数)为宜,材料消耗量的整数位数以不超过三位数为宜;当物体截面形状基本固定或无规律性变化时,采用长度 m、km 为计量单位;当工程量主要取决于质量时,采用 t、kg 作为计量单位;当工程量主要取决于数量时,采用台、个、套等作为计量单位。

2.4.3 测算模板的制定

为确保编制文字及数据成果的统一性与连续性,编测、收集、汇总与管理相关数据等编制过程宜采用统一表格,并在此基础上建立定额数据库。借助 Office 办公软件如 Excel、Access 等,使编制内容与编制过程连续、连贯、可追溯,相关数据记录、表述与汇总等工作无遗漏。

对定额子目工料机测定时所涉及的计算基数与参数应详细记录在测算表格及测定说明中。以某预算定额编制为例,子目编列样表、人工消耗量测算样表、材料消耗量测算样表、机械台班消耗量测算样表如表 2-9~表 2-12 所示。

表 2-9 定额章节(分部分项)子目编列样表

节序号	节名称	定额名称	计量单位	工作内容(主要工序)	参考定额	原定额情况		修改原因详细解析	相关规范、图集等编制依据	需进一步调研的内容
						有/无	定额编号			

表 2-10　定额子目人工消耗量测算样表

工程名称	测定日期	工种配置	各工种比例	施工过程	施工工序
		普/技/高			
工时消耗测算表					
序号	施工工序	时间消耗	百分比	施工过程中的问题及建议	
	定额时间				
1	基本工作时间				
2	辅助工作时间				
3	准备与结束工作时间				
4	休息时间				
5	不可避免的中断时间				
合计					
备注					

表 2-11　定额子目材料消耗量测算样表

施工单位名称		测定日期		施工过程		
材料消耗测算表						
序号	施工工序	材料名称	材料单位	净用量	损耗量	合计
1	清点检查					
2	材料场内运输					
3	材料搬运					
⋮	⋮					
备注						

表 2-12　定额子目机械台班消耗量测算样表

施工单位名称	测定日期		机具配置	施工过程	施工工序
台班消耗测算表					
类型	施 工 工 序		延续时间	产品数量	施工过程中的问题及建议
定额台班	有效的工作时间	正常负荷			
		有根据地降低负荷			
	不可避免的无负荷时间				
	不可避免的中断时间	与工艺过程特点有关			
		与机器有关			
		工人休息时间			
	备注				
合　　计					

第3章 建设工程定额工料机的测算

3.1 子目工料机测算的工作流程

3.1.1 工料机测算的一般流程

测算子目工料机要素及其消耗量是整个定额编制的工作核心。在确定子目工作内容、单位及其计量计价规则的基础上,根据所收集资料及调研结论,遵循编制通则中的具体规定(测算表格、通用数据、名词术语、符号代码等),确定定额子目工料机要素的组成及其消耗量测算。

工料机测算工作的一般流程如下。

(1)选定测算对象。通过征求意见等方式论证定额设置的合理性,结合子目名称、规格、步距及典型案例、参考资料选择测算对象。

(2)选定测算方法。可利用现场实测法、定额调整法、理论计算法、经验估算法、市场推算法等。

(3)确定工料机种类及名称定额子目中人工、材料、机械的种类、名称、型号、规格等内容的选定,填写消耗量测算表。

(4)测算工料机消耗量。测算人工、材料、机械消耗量数据,填写消耗量测算表。

(5)汇总工料机消耗量。汇总、对比、统计,综合确定人工、材料、机械的社会平均水平的测算数据,填写测算汇总表。

(6)分析确定子目消耗量数据,形成定额子目消耗量初稿。

3.1.2 测算对象的选择

定额子目在编列定额章节子目阶段已基本确定,但在进入子目工料机消耗量测算前仍需围绕子目名称、材质(如钢支撑、木支撑、型钢、钢管、圆钢等)、规格(如材料规格、直径、深度、长度、宽度、高度等)、外形(圆弧形、矩形、异形、直线形、弧线形等)、部位(平面、立面等)、步距(规格步距划定)等内容进行细化。通过设计文件、施工工艺及参考各地区定额的子目划分方式,征求行业意见后进行对比、论证、完善与确认,从而减少后续的大量调整工作。

测算对象的选择应考虑不同环境、规模、工况、施工主体等因素,选择不同材质、外形、规格、部位等样本工程。样本数量及类型选择应符合充实性、代表性及前瞻性等原则,避免"典型少选、同类多选、常用缺选"等情形,条件允许的情况下每类样本宜选择 3~5 个。

在子目划分及其工料机消耗量测算等工作完成后,在后续初稿审查、水平测算等阶段也会出现因信息不完整、样本不全、考虑不周等因素造成反复调整、修改测算内容这一过程。

3.1.3 测算方式的选择

建设工程定额编制的方法主要有现场实测法、定额调整法、理论计算法、经验估算法、市场推算法五种。

1. 现场实测法

现场实测法是对选定测算对象进行计时、计量、换算,以获取人工工日、材料、机械台班消耗量或费用的方法。现场实测法切合实际,结果精度高,一般专业人员即可操作,但受环境及条件影响大,作业及编制深度要求高,工作复杂且量大,费用高。

依据定额测算的时间与空间记录,以及相关的理论或准则,通过大数据、云计算等技术手段,对行为、动作、耗量、工作量进行详细记录与精确运算,从而获取测算对象定额子目中工料机的消耗数据,实现定额消耗量的准确、及时、全面测定。

2. 定额调整法

定额调整法是根据相近专业定额(预算定额)子目进行工况、工时、工效、材品、材质、材耗、机种、机配、机效的比对,通过借用、评估、调整等方法确定拟编子目相应人工工日、材料、机械台班消耗量或费用的方法。

定额调整法具有工作量小、简便易行、与相关定额水平契合的优点,但因参考各地区定额的消耗量水平存在巨大差异,对编制人员专业水平要求较高。

对于开展区域性的建设工程预算定额的编制工作,应首选定额调整法。

3. 理论计算法

理论计算法是依据现行劳动定额、材料消耗量定额、机械台班定额、企业定额及相关政策、法规、文件和施工技术等资料，综合确定相应人工工时、机械幅度差、材料损耗后，经计算得出的人工工日、材料消耗量、机械台班消耗量或费用的方法。

理论计算法具有理论依据充分、逻辑推导严密、演算过程严谨、工作量小、作业成本低等优点，但其对编制人员专业水平要求较高，其测定结果与工程实际可能存在较大差异（因计算数据来源过于依赖劳动定额、基础定额）。

4. 经验估算法

经验估算法是编制人员凭借在施工、计价、交易及管理等方面的实践经验，依照定额编制基准、原则、原理、工作大纲及编制通则，结合所收集的技术经济资料，测算定额子目人工工日、材料消耗量、机械台班消耗量或费用的编制方法。

经验估算法具有简单易行、可信及适用度高、风险及工作量小、费用低的优点，但容易出现信息不匹配、数据不充分等问题。所以，采用经验估算法对编制人员的技术管理水平及专业经验要求较高，测算结果需通过多种方法与途径进行验证。

5. 市场推算法

市场推算法是依照定额编制的原理、原则、工作大纲及编制通则规定，根据建筑市场成熟的工艺、工法、交易数量及价格行情，并结合所收集的技术经济资料进行定额子目人工工日、材料、机械台班消耗量或费用的分析方法。具体来说，依据市场人工费计件价格及人工工日价格推算人工消耗量或子目人工费；依据市场机械费计件价格或机械租赁价格及机械台班单价推算机械台班消耗量或子目机械费。市场推算法具有操作简便、数据采集易行、贴近市场、对编制人员专业技术要求不高的优点。也存在对数据采集广度及对数据本身的精度要求高，对市场行情把握要求准确、工作量较大、费用较高等缺点。

选择上述五种方法时，应综合考虑以下因素：现场施工点采样的可行性、收集到的技术经济资料的完整性和可靠性、现有相同或类似专业定额子目的适用性和准确性、市场交易规则的稳定性以及市场价格的成熟度。从定额的科学性、准确性和适用性角度，定额测定方法宜优先选择现场实测法、理论计算法；当因时间、空间及条件所限不易采用现场实测法、理论计算法时，可并行采用定额调整法、经验估算法和市场推算法，彼此验证测算结果。为确保定额编制的准确性，测定同一定额子目时可同时采用多种方法相互印证。

3.2　子目工料机要素的测算方式

在确定子目名称、工作内容、工艺及质量要求的前提下,应遵循"重常用、先品种、后品质"的原则,确定工料机的种类。

首先,应基于常规工艺条件下对工种、材料、机械的配置,即选择有代表性、典型意义的人、材、机的配置组合。还应优先选定品种配置,如工种、材种(名称、规格、标号、级别等)、机种;其次,选定具体的品质级别、质量等级、厂家型号,如优等品、一级品、机械型号等。基于相关规范、标准、施工实践及市场,遵循"居于常见、通用称谓、质量合格、便于定价"的原则,考察并选定材料消耗量的品种、品质和子目工料机价格及综合价格。

3.2.1　工种的确定方法

定额的人工工种通常划分为普通工(以下简称普工)、技术工(以下简称技工)、高级技术工(以下简称高级技工)三种。依照普工、技工、高级技工的顺序在定额测定表中依序列确定定额子目的班组工种配备情况。

(1) 普工:从事岗位技术要求低、在不需要培训或简单培训后即可以胜任的工种,如装卸工、搬运工、挖土工、清理工、混凝土养护工、人工拆除工、辅助用工等。

(2) 技工:从事有一定施工技术要求岗位、经过有效培训或长期实践后掌握相应技能的工种类别,如砌筑工、钢筋工、模板工、混凝土工、架子工、抹灰工、镶贴工、油漆工、管道工、钳工、电工、非钢结构电焊工、铆工、钣金工、通风工、起重工等。

(3) 高级技工:从事特定技术岗位、经过系统培训或取得相关专业执业资格证书后、具备较高技术能力的工种类别,如精装修装饰木工、钢结构焊工、机械操作工、测量工、探伤工等。

工种的划分方式应相对综合且具有代表性,以便能够准确反映实际工程中的用工级别数量及其价格水平。同时,这种划分方式更应切实体现子目中人工消耗量的配比关系以及价格变化的水平。例如,钢筋工、砌筑工、电焊工等具体工种能够更准确地反映出市场中同一技术水平工种的数量及其价格水平,从而有利于实现统一协调与管理,提高工作效率。

对于以人工费形式表达的定额(具体表现为人工工日消耗量及工日单价),我们可以根据工种的不同,将其划分为普通工人、技术工人和高级技术工人,并分别对这些工种的人工费进行测算。当不具体划分工种费用时,所得到的结果则代表了子目的综合人工费。

3.2.2 材料种类的确定方法

定额中采用的主要材料、辅助材料、周转材料和其他材料(包括构配件、零件、成品半成品等)均为符合相关质量标准的合格产品。按照定额子目工作内容、施工规范及验收标准所确定的材料,依照主要材料、次要材料、其他材料费的顺序在统计表中由前及后依序列明。主要材料是指在某一子目中用量大、价值高的材料;次要材料是指用量小、价值低的辅助性材料;其他材料费是指在所用材料中费用占比小且无法计算量价的零星耗材(3%以内)。

其他材料费通常以一定比例的主要材料费进行计算,也可结合个别专业的特性来估算费用。材料栏中需列明材料(量大、价高)的名称、材质、规格、型号及品质对于材料栏中无法标明材质、规格及品质的通用材料,应在材料名称后标明"综合""普通"或"通用"字样,以备材料定价。

定额子目的材料栏目反映了主要材料费的材种构成、用量及单价。对于次要、辅助或零星材料较多的子目,如零星及辅助材料(如铁件、铁钉、铁丝、铅笔、砂布、砂纸、草绳等),可采取放大其他材料费占比(3%~8%)的做法加以综合考量。

3.2.3 施工机械的确定方法

机械种类应根据不同工艺条件下,选定常用施工机械的综合情况配置。机械台班单价是指在正常运转8小时的条件下所发生的全部费用,包括台班折旧费、大修理费、经常修理费、安拆费及场外运费、人工费、燃料动力费。

消耗量构成表中的机械台班按照定额子目工作内容、施工规范及验收标准确定机械类别,应依照主要机械、次要机械及辅助机械的顺序由前及后依序列明。按常用机械、合理机械配备和施工企业机械化装备程度并结合施工实际综合选定,机种名称、型号、规格应定义准确、清晰。

对于新工艺、新技术、新设备定额子目修编所采用《施工机械台班定额》中没有的机种、机型(如顶管设备、水平导向钻进设备、胀管设备、盾构机械、垂直运输机械等),应当进行机械台班构成(机械价值、折旧率、年工作台班、折旧年限、修理费、安拆及场外运输费、人工及燃料动力费等)分析,并与《施工机械台班定额》相近机种进行对比。对于无法替代的机械,则需补充相关资料并交送机械台班定额管理部门对机械台班定额进行补充与更新;可以替代的机械则选择《机械台班定额》中的相应机种、机型。

定额子目所列举的施工机械栏目反映的是机械费构成中的主要机种类型、用量及台班单价。凡单位价值在 2000 元以内、使用年限在一年以内、不构成固定资产的施工机械,不列入子目机械栏目中,仅作为工具用具使用费在企业管理费中综合考虑。

3.3　子目工料机消耗量的组成与测算

3.3.1　人工消耗量的组成与测算

1. 人工消耗量的测算思路

(1) 选择某一工序。

(2) 分析工序完成中的时间消耗组成。

(3) 确定工序中各组成部分的时间。

(4) 计算该工序的人工消耗定额时间。

2. 工作时间的组成

工人工作时间是指工人在正常劳动过程中所消耗的工作时间。按时间消耗的性质可分为定额时间和非定额时间。定额时间是指工人在正常施工条件下,完成一定数量的产品所必须消耗的工作时间,包括有效工作时间、不可避免的中断时间和休息时间。其中,有效工作时间是指与完成产品有直接关系的工作时间,包括准备与结束时间、基本工作时间和辅助工作时间。准备与结束时间是指工人在执行任务前的准备工作和完成任务后的结束工作所需消耗的时间。基本工作时间是指直接与施工过程的技术操作发生关系的时间消耗,辅助工作时间是指为了保证基本工作顺利而做的与施工过程的技术操作没有直接关系的辅助工作时间。

不可避免的中断时间是指工人在施工过程中由于技术操作和施工组织等原因而引起的工作中断而消耗的时间。

休息时间是指在施工过程中,工人为了恢复体力所必需的短暂休息,以及满足工人生理上的要求(如喝水、大小便等)所必须消耗的时间。

3. 非定额时间的排除

在测算工作时间时应排除非定额时间,一般包括多余和偶然工作的时间、停工消耗时间和违反劳动纪律时间。

多余和偶然工作的时间是指在正常的施工条件下不应发生的时间消耗,以及由于意外情况引起工作时间的消耗。

停工消耗时间是指在施工过程中,由于施工或非施工本身的原因造成停工而损失的时间。前者是由于施工组织或劳动组织不善,材料供应不及时,施工准备工作准备不完备而引起的停工时间;后者是由于外部原因,如水电供应临时中断及由于气候条件(如大雨、风暴、酷热等)所造成的停工时间。

而诸如迟到、早退、私自离开工作岗位、工作时间聊天等由于不遵守劳动纪律而造成的损失时间则归为违反劳动纪律时间。

4. 人工消耗量的确定

人工消耗量的确定也需要按照高级技工、技工和普工分别测算某一工序的必要劳动时间,之后依据下列公式进行测算汇总:

$$N_{定} = N_{基} + N_{辅} + N_{准} + N_{休} + N_{断}$$

在计算时,由于除基本工作时间外的其他时间一般用占工作延续时间的比例来表示,因此计算公式又可以改写为

$$N_{定} = \frac{N_{基}}{1 - N_{其他}\%}$$

式中:$N_{定}$——单位产品时间定额,即完成单位产品的工作延续时间;

$N_{基}$——完成单位产品的基本工作时间;

$N_{辅}$——辅助工作时间;

$N_{准}$——准备结束时间;

$N_{休}$——休息时间;

$N_{断}$——不可避免的中断时间;

$N_{其他}\%$——其他工作时间占工作延续时间的比例。

3.3.2　材料消耗量的组成与测算

定额中主要材料和辅助材料的消耗量包括材料净用量和材料损耗量,可选用

现场实测法、理论计算法和定额调整法进行测算。

1．材料消耗量的测算思路

（1）材料消耗分析。

（2）确定工序完成中必须消耗的主要材料。

（3）确定材料净用量。

（4）确定材料损耗量。

（5）编制材料消耗量。

2．材料消耗量的测算与确定

一般将施工过程中的材料消耗分为必须消耗的材料和不可避免的损失材料两大类。而材料的合理损耗量包括从工地仓库运至现场堆放地点或现场加工地点运至安装地点的搬运损耗、施工操作损耗和施工现场内堆放损耗等。一般材料的损耗量可以按如下公式进行计算：

$$材料损耗率=\frac{损耗量}{净用量}\times100\%$$

$$材料损耗量=净用量\times损耗率$$

$$材料消耗量=净用量+损耗量=净用量\times(1+材料损耗率)$$

必须消耗的材料是直接用于建安工程的材料，如施工产生的余料为不可避免的材料损耗。如因丢失或因保管不当而损失的材料则不能算入材料消耗量中。

此外，对于可以多次使用的周转材料，还应考虑摊销量，可按如下公式计算。周转材料的消耗量计算需根据其周转摊销的次数确定。

$$周转材料摊销量=周转使用量-周转回收量\times回收折价率$$

$$=一次使用量\times K_1-一次使用量\times(1-损耗率)$$

$$\times回收折价率\div周转次数$$

$$=一次使用量\times[K_1-(1-损耗率)\times回收折价率\div周转次数]$$

式中：K_1——周转使用系数，$K_1=\dfrac{1+(周转次数-1)\times损耗率}{周转次数}$。

将直接用于建安工程材料净用量加上不可避免的施工废料、材料的正常损耗量与摊销量相加和，即为每种材料应测算的消耗量；将每个子目下涉及的每种材料的消耗量汇总就组成了该子目的材料消耗量。

在测算其他材料时,还应列明其他材料的名称、规格、消耗量、单价等,以便于测算主材及其他材料费的调整与修订。

3.3.3　机械台班消耗量的组成与测算

施工机械台班消耗量由施工机械和仪器仪表消耗量两部分组成,以"台班"为单位,每台班按 8 小时计量。定额机械台班消耗量主要采用现场实测法、理论计算法、定额调整法和市场推算法测算。

1. 机械台班消耗量的测算思路

(1) 机械消耗时间组成分析。

(2) 确定各组成部分时间消耗数量。

(3) 考虑机械利用效率,确定机械台班消耗量。

2. 机械台班消耗量的测算与确定

采用计时法确定施工机械的工作时间,再依据公式确定某定额子目的机械台班的消耗量。

(1) 有效工作时间:工作中不可避免无负荷运转时间(如汽车空载、塔吊无重物运行)。

(2) 工作中不可避免中断时间(如汽车等待装车)。

(3) 准备与结束时间。

(4) 工人休息时间。

机械消耗定额时间可依据下列公式进行测算:

$$一次循环时间 = \sum \frac{各项机械操作时间}{8 \times 60 \times 60}$$

$$基本工作时间 = 一次循环时间 \times \frac{定额单位消耗量}{一次循环生产量}$$

$$机械台班消耗量 = \frac{基本工作时间}{机械利用系数}$$

机械幅度差根据不同工法、工况和工效选择 15%～25%。如按一定时间段(一整天或几天)测算完成工作量所需要台班时间,已综合考虑机械幅度差,则不再重复计算机械幅度差。

3.4 子目工料机价格的组成与确定

3.4.1 子目人工单价的组成与确定

1. 子目人工单价的组成

计价定额人工单价是指在正常的施工条件、现有的平均技术水平、劳务平均强度及技术平均熟练程度下,直接从事建筑安装的生产工人和附属生产单位工人,在 8 小时中完成定额规定相应工作内容和合格数量的产品应获得的日工资总额。

按照量价分离形式发布定额子目人工工日消耗量及工日单价形式的定额,其各类人工(普工、技工、高级技工)工日单价的确定,还应根据国家及当地政府有关现行工资的相关政策、法规,通过调查、参考实物工程量人工单价,结合当时当地建筑企业及市场人工价格行情综合测算。依据现有的法律法规,每个工种的工资都应包括计时工资、计件工资、奖金、津贴和补贴等。

2. 子目人工单价的确定

(1) 由市场劳务计件价格换算子目人工费

$$\frac{定额子目人工费}{市场换算系数}=\frac{市场劳务计件价格-工具用具费-劳务分包管理费用等}{市场劳务计件价格}$$

定额子目人工费=市场劳务计件价格×定额子目人工费市场换算系数

(2) 由人工消耗量、价与市场价格相结合的方式测算子目人工费

由子目人工消耗量、人工工日单价计算出的子目人工费与由市场劳务价格换算所得的子目人工费,两者相互比对,调整,确定子目人工费。

定额子目人工费=建筑市场劳务分包工日价格加权平均值 A ×对应权数 n_1

$\qquad$ +劳动力市场工资指导价位平均值 B ×对应权数 n_2

$\qquad$ +地区最低工资标准 C ×对应权数 n_3

式中:n_1、n_2、n_3——建筑劳务市场分包工日价格(造价管理机构《价格信息》发布)、劳动力市场工资指导价位(政府人力资源和社会保障部门发布的人力资源市场工资指导价位)及地区最低工资标准(政府人力资源和社会保障部门制定发布)权重(%),各权重取值依据当时当地市场及政策对定额工日价格影响度综合确定,

$n_1+n_2+n_3=100\%$。

$$\begin{matrix}\text{建筑市场劳务分包工}\\\text{日价格加权平均值}\end{matrix}=\sum_{i=1}^{n}\left(\begin{matrix}\text{劳务用工工种}\\\text{的工日价格 }G_i\end{matrix}\times\begin{matrix}\text{劳务用工工种}\\\text{的权数 }Q_i\end{matrix}\right)$$

$$Q_1+Q_2+\cdots+Q_n=1$$

劳务用工工种的权数由各劳务用工工种在专业工程中所占人工费比例确定。

劳务用工工种的工日价格

$$G_i=\frac{\text{劳务用工计时价格}}{\text{日工作时长(小时)}}\times 8\text{ 小时}\div(1+\text{社会保险费费率 }C)$$

$$\div(1+\text{自带小型工具、自带服装费费率 }D)$$

以上测算方式是按人工工日价格中不包含社会保险费且劳务用工计时价格中包含了社会保险费的测算情形。

3.4.2　子目材料价格的组成与确定

1. 子目材料价格的组成

定额子目中所列材料价格是指材料从其来源地到达施工现场仓库后出库的综合平均价格,由材料原价、运杂费、运输损耗费、采购及保管费组成。

2. 子目材料价格的确定

子目材料价格 $=\sum$(子目材料消耗量×子目材料单价价格)+子目其他材料费

式中:

材料单价=材料原价+运杂费+运输损耗费+采购及保管费

　　　　=[(材料原价+运杂费)×(1+运输损耗率)]×(1+采购保管费率)

子目其他材料费通常有三种计量办法,一是按测算出的其他材料(量少、价低,合计其材料费占子目材料费在 1%~3% 的零散、辅助材料)消耗量及测算的相应材料价格计算得来,其特点是准确但不易调整;二是根据子目工作内容直接估算一个"其他材料费"金额,其特点是简便但准确度、机动性差;三是按子目主要材料费占比情况确定一个比率(通常在 1%~3%),主要材料费一旦测定便自动生成其他材料费,其特点是简便、机动性好但准确度差。

此外,定额子目材料单价的取定,通常以定额编制期内某月或某期发布的当地《价格信息》为准;对于子目已测算消耗量而《价格信息》中又没有的材料,以取定月或期为时点搜集、测定或预定价格为准。

3.4.3 子目机械台班价格及机械费的确定

1. 子目机械台班价格的组成

机械台班定额中的机械台班单价是按照正常使用条件，在规定的使用期限内每台班 8 小时测算的均摊费用。定额机械费栏目中的机械台班消耗量对应的机械台班价格是参照建设所在地区发布的《建设工程施工机械台班定额》中相对应机械种类、型号的价格套用的。

2. 子目机械费的确定

$$子目机械费 = \sum（子目机械消耗量 \times 子目机械台班价格）$$

式中：机械台班价格等于台班折旧费、台班大修费、台班经常修理费、台班安拆费、台班场外运费、台班人工费和台班燃料动力费之和。其中，台班人工费由市场直接测定，经大规模采集、统计机械租赁市场价格信息后，再依据租赁市场分包合同计价方式进行分析、测算、调整、确定子目机械费。

在参考机械租赁分包合同的计价方式进行测算时，还应当注意以下几点。

（1）定额子目机械费不包含企业管理费、措施费、利润和相关税费。

（2）应当仔细逐条对比所测算定额子目机械工作内容与所收集机械租赁分包合同计价包含的作业内容，梳理相差部分内容。

（3）属于子目工作、作业内容实作相差部分（如机械租赁内容是否包含司机、维修及燃料动力费用），应采取调整子目工作内容或补充调整机械租赁计价中相差部分价差，使两者价格内容相匹配。

（4）属于子目工作、作业内容管理费、利润、规费、税金等费用相差部分（机械租赁价格往往包含企业管理费、利润、税金等费用），应剔除费用差异后，得到不含相关税费的子目机械费。

3.5 子目综合单价及全费用综合单价的测算

3.5.1 综合单价的构成

依据住房城乡建设部《关于进一步推进工程造价管理改革的指导意见》（建标〔2014〕142 号）中"推行工程量清单全费用综合单价，鼓励有条件的行业和地区编制全费用定额"的指导思想,基于与清单计价、全过程造价管理、市场交易口径相匹配的定额管理思路,定额子目应包含工料机费及企业管理费和利润的综合单价,以及包含综合单价及安全文明施工措施费、规费、税金的全费用综合单价。

此外,住建部、财政部发布实施的《建筑安装工程费用项目组成》(建标〔2013〕44号)中规定,建筑安装工程费(建安费)按照费用构成要素划分,其由人工费、材料(包含工程设备)费、施工机具使用费(机械费)、企业管理费、利润、规费和税金组成,其中人工费、材料费、施工机具使用费、企业管理费和利润包含在分部分项工程费、措施项目费、其他项目费中。因此,形成分部分项工程费、措施项目费及其他项目费的构成子目或清单项目的综合单价也是由工料机费、企业管理费和利润等五项费用组成;建筑安装工程费用的构成子目或清单项目的全费用的综合单价则由综合单价、规费和税金组成;而按建安费占比计列的安全文明施工措施费亦应包含于全费用综合单价之中。

3.5.2　子目综合单价中费率的取定

通常采取收集企业、行业及项目实际发生值的统计分析方法测算取定建安工程中的企业管理费、利润、规费、税金等。表3-1是以某预算定额编制工作为例,依次按照问卷设计、咨询调查、数据分析、确定费率的流程进行测算为目的。而设计的建安工程费用调查表,表中专业工程是指土建、安装、装饰、市政、轨道交通、园林建筑、绿化种植、绿化养护、垃圾清运清扫、生活垃圾填埋场建设、生活垃圾填埋场运营等内容,施工机具使用费包括施工机械使用费、仪器仪表使用费,其他措施费为除安全文明施工、履约担保和工程保险以外的所有措施费用。

表 3-1　建筑安装工程费调查表

序号	工程名称	专业工程	建设单位	承包单位	投资金额	建筑安装工程费															备注
						直接费								企业管理费		利润	规费			增值税应纳税额	
						直接工程费			措施费												
						人工费	材料费	设备费	施工机具使用费	安全文明	履约担保手续费	工程保险	其他措施费	检验试验费	其他企业管理费		社会保障费	住房公积金	工程排污		
1																					
2																					

在统计问卷收回后分析企业管理费、利润、规费、增值税,剔除不合理数据。对经过纠正、核实、修正后的数据,取平均数或众数等,得到相应的费、税项;将各费值与其计算基础相除,得到相关费税率推荐值及上下限参考范围。例如,某地自2004年起对各项费用进行测算、发布其费率参考范围及其推荐值,在2016年营业税改增值税后对增值税综合应纳税额进行测算,并发布税费率参考范围及推荐值。

3.5.3 综合单价与全费用综合单价

定额子目的综合单价与全费用综合单价,是在清单计价和市场化定价的背景下,对传统定额子目构成进行调整与优化的方式,旨在实现与现代计价模式的"口径对接"。此举旨在便利工程交易过程中的计价、议价、核价与定价工作。定额子目综合单价与工料机并存,定额子目全费用综合单价与其自身的综合单价同样可以并存,供市场交易选用。

综合单价包括工料机直接费、企业管理费和利润三部分,全费用综合单价包括工料机直接费、企业管理费和利润、安全文明施工措施费、规费和税金五部分。根据前述定额子目确定的人工费、材料费、机械费、企业管理费、利润、安全文明措施费、规费和税金计算基础及费率值计算得出定额子目综合单价、全费用综合单价。表3-2为建设工程定额子目编制样表,可根据编制定额的专业特点进行修改。

表 3-2 定额子目编制样表

工作内容:1.钢筋制作;2.钢筋绑扎,安装,浇捣混凝土时钢筋维护。   单位:t

子目编号		现浇构件圆钢筋				2016 年 3 月 工料机 参考价格
子目名称		制作	安装	制作	安装	
		ϕ10mm 以内		ϕ25mm 以内		
2016 年 3 月全费用参考综合单价	元					
全费用综合单价构成	2016 年 3 月参考综合单价	元					
	其中	人工费	元				
		材料费	元				
		机械费	元				
		管理费	元				
		利润	元				
	安全文明施工措施费	元				
	规费	元				
	税金	元				

续表

子目名称			现浇构件圆钢筋				2016 年 3 月 工料机 参考价格
			制作	安装	制作	安装	
			φ10mm 以内		φ25mm 以内		
工料机名称		单位	人工费及材料、机械消耗量构成				
人工							
材料				—	—	—	
机械				—	—	—	
定额 修改 记录	修改次序	修改时间	修改原因	修改依据	修改内容 1	修改内容 2	修改内容 3

基于《财政部、国家税务总局关于全面推开营业税改征增值税试点的通知》(财税〔2016〕36 号)引申：应纳税额的计算原理，营改增仅改变了纳税额计算方式，即应纳税率由营业税定值(3%)改为增值税下的变值(理论上在 0~11%，即多增值多缴税、少增值少缴税、不增值不缴税的变动应纳税率)，即税额调整法。营改增税制改革的实质是产品或服务中所应缴纳的税与企业经营营业额、收入脱钩，与经营盈利、利润、增值额挂钩。对建设产品而言，增值税中的应纳税额已非营业税下的固定的、非竞争性的税率计算情形，而是基于不同生产企业、不同经营水准、不同获利空间、不同税务筹划水平、不同可抵扣进项税额获得能力等，交由企业自主、市场竞争决定的具有交易性、竞争性特点的计税模式，而非"必须"或"一定"求出建筑要素除税价、去税费后的税前造价，乘以固定销项税率 11% 后"价税分离"式的工程造价的确定方式。据此，应纳税额的计算在工程造价计算中仍延续营业税条件下税前造价的计算，税前工程造价中各要素价格均为含增值税可抵扣进项税的实际成交价、发生价，税金在形成造价的末端计算，亦即"先价后税"。

以下以某地为例说明税额调整法的步骤。

(1) 含税建筑安装工程造价＝不含税建筑安装工程造价＋应纳税费。

(2) 应纳税费＝增值税应纳税额＋城市维护建设税、教育费附加及地方教育费附加。

(3) 增值税应纳税额＝不含税建筑安装工程造价×增值税综合应纳税费率。

（4）城市维护建设税、教育费附加及地方教育费附加＝增值税应纳税额×税务部门公布的税（费）率。

（5）不含税建筑安装工程造价为人工费、材料费、施工机具使用费、企业管理费、利润和规费之和，各费用项目均包含增值税可抵扣进项税额，其计算方法与现行计价规程一致。

第4章 建设工程定额的审查、发布与后评价

4.1 子目信息的数据库建设与管理

4.1.1 建设工程定额子目编制数据库建设的必要性

定额编制过程中,对子目分类、编码、名称、单位及其工料机构成的量、价、费的确定等工作,均离不开对各组成要素的组合与构建。而一部专业定额中的组成要素种类多、数量庞大,所涉及人工、材料、机械要素类别及品种也有成百、数千条。所以,在建设工程定额编制过程中,有必要进行定额子目数据库的建设。

一个子目中有不同的人工、材料、机械等信息,而同一人工、材料、机械也会在不同子目中出现。同一材料又有不同的单位及用途,而不同专业定额(建筑、安装、市政、园林、轨道交通等)的工料机可各自独立成库,但须源自同一库源、同一标准。不同专业定额整体编制、适用时段及程度存在差异,加之新工艺、新材料、新定额、新子目的动态补充、更新,使得工料机库管理成为定额编制过程的挑战。所以,数据库建设初期需要定额编制专家、数据库开发与管理人员共同参与。

工料机库中一条完整的人工、材料、机械要素记录至少应当包括编码、名称、项目特征(规格、型号、材质、性能等)、单位及价格等字段。为方便不同专业册或章的编制管理,工料机库还可增加若干"专业"信息,如建筑、装饰、安装、市政、轨道交通、房屋维修、市政维修及备注项等内容。

建设工程定额工料机库编纂的核心审查要点如下。

(1)材料名称是否规范,如用简称、俗称、字母拼音代写,再如工厂预制混凝土散料有预拌混凝土、商品混凝土、厂拌混凝土、预制混凝土等不同称谓。

(2)材料规格、型号、性能、功能等特征表述是否规范,如管道直径是内径、外径还是公称直径。

（3）材料单位是否规范，如材料质量单位有千克、公斤与 kg 的不同表示。

（4）同一材料，名称、单位表述是否统一，如钢筋 ϕ10 以内、kg 与钢筋 10 以内、千克。

（5）不同材料名称是否混用，如镀锌铁丝与铁丝、铅丝，钢丝绳与钢缆绳。

（6）不同材料是否同一材料，如螺栓与螺钉、带帽螺栓与螺栓。

（7）国家或地区规范、标准更新引起的材料名称、规格变化，规范、标准已禁止使用的材料或以往定额删除子目中所用材料是否仍在库中，如红砖、石灰石等。

（8）新增材料与原库中材料是否重复、矛盾，如新编定额子目补充材料时未找到原库已有的材料（原库材料或补充材料名称误称或不规范），造成多补、漏补或错补。

（9）材料编码是否混乱，如材料分类错乱造成编码混乱，编制或录入定额子目工料机时并未依据编制组的工作经验，按类别集中。

产生上述问题的主要原因如下。

（1）工料机库缺乏统一、稳定、专业的管理，对材料名称、单位、用途、分类及编码缺少标准规范。

（2）对材料名称、规格、型号、单位及性能，以及功能的认知不专业、不规范、不精准、不熟练。

（3）在录入、使用库材料时，不同的编制和录入人员按各自理解或认识处理。

（4）各专业定额编制时间不统一，出现工料机库的混乱。

（5）对于同一专业定额，各章、节的编制人员不同导致汇总后的工料机库矛盾、错误。

（6）缺少统一的遴选、修正、准入与管理原则和办法。

（7）未借助信息化管理、"互联网＋"等方式对工料机库进行入库及动态管理。

4.1.2　工料机数据库的管理与维护

从工料机库日常出现的问题及其产生的原因来看，对工料机数据库的管理应把握"规范、标准、专业"的三大原则，具体为以下五个工作准则。

（1）名称规范、专业。

（2）归类统一、固定。

（3）编码统一、合规。

（4）单位规范、统一。

（5）一个要素一个名称一个规格（或属性）一个编码的工作准则。

工料机要素的录入、分类、修改、删除必须严格执行统一的规程、规范与标准。

4.1.3　工料机数据库管理的规程与规则

1. 工料机数据库管理的组成

工料机数据库管理按工作程序可分为工料机数据库建立、工料机编码、定额编制期库管理和定额日常维护期库管理四个阶段，各阶段宜有各自的管理程序。

2. 工料机数据库的建立规则

工料机数据库的建立实质是对数据库结构的管理，建立工料机数据库结构应满足以下内容。

（1）定额电子化、信息化编制与管理，包括定额子目建立中的工料机要素的录入、修改、删除与完善，工料机条目及价格的调整、补充、修改与完善管理等。

（2）工程造价成果文件电子化、信息化管理，包括建设项目采用软件计价套用定额时对子目中工料机条目及其价格的调整、补充，以及网上信息化搜索、选用、替换等工作。

（3）对建筑市场材料价格进行电子化、信息化采集、分析、编辑、发布及使用，包括不同信息源（个人、企业、网站、平台等）工料机条目及不同时点工料机条目及其价格的编录、调整、共享等。工料机数据库结构包括编码、工料机名称与规格型号、单位、价格、专业及备注等主要字段。

3. 工料机数据库管理建设规程

（1）确定名称、规格、型号及特征、单位、定价。

（2）确定类别。

（3）判断工料机数据库中同类同种材料是否已有。

（4）对于工料机数据库中已有的，内容应摘取、录入定额子目。

（5）对于工料机数据库中没有的，内容应补充、录入定额子目。

4. 工料机数据库的编码

工料机编码应遵循分类性、唯一性、完整性、实用性、扩展性原则。工料机数据库编码规则的制定应首先满足分类的要求，建立逐层逐级的编码体系；其次应确保工料机与其编码的完全对应,不重复(一材多码或一码多材)、不遗漏(有材无码或有码无材);最后应保证编码的完整、系统与严密。数据库编码还应满足对工料机要素的查询、调整、使用、扩展,如对材料、机械要素的规格、型号、品牌、品质、标号、材质、性能(物理、化学性能等)、功能(防水、防潮、防腐、防火、隔声、隔热、保温和密封等专用材料)、外形、产地等变化。

工料机编码实质是把某一工料机多维、综合的信息按一定规律转换成简单的符号,并引入计算机、互联网对其进行信息化管理。凡是进入计算机、需要使用数据的都应赋其编码,且保证其进入管理数据库后具有唯一性,使所有须交流、提取和管理的数据都以编码作为最基本标识。

工料机编码的种类和使用范围很广,包括工程定额编制使用类、工程使用数据类、采集数据类、产品数据管理类、客户信息类、供应商信息类、项目管理数据类、企业资源管理类等。工料机数据编码通常采用以下三种方式。

(1)英文字母法:用特定的一个字母或一组字母来表示。

(2)数字法:用特定的一个数字或一组数字来表示,位数占用多可无限扩展,如现行工程量清单计算规范中的清单编码。

(3)混合法:将英文字母和数字结合起来,多以英文字母代表材料的类别或名称,再用十进制数或其他方式编阿拉伯数字号码。

建设工程定额工料机编码方式中,数字法应用较为广泛且适用性强,《建设工程人工材料设备机械数据标准》(GB/T 50851—2013)采用 8 位编码,但作为具体项目管理用,其编码及名称规范性、全面性仍捉襟见肘,如遇到不同时期、不同部位、不同项目、不同供应商、不同分包商等要素的掺入,8 位编码位数须扩展至 12 位,甚至 15 位。

工料机编码仍以人工、材料、设备、机械为初极(一级)分类编码(两位),进入下一级(二级)后,按照各自分类标准制定具体的编码规则,以及各种材料、设备、机械的长描述(名称)规则和短描述(品种、规格、性能等特征)规则。确定生成合理编码的属性匹配关系,以便后续的维护和扩展。

4.1.4　定额编制数据库的建设与维护

1. 工料机数据库的建设

工料机数据库是在定额编制的录入子目阶段,对有关工料机名称及其消耗量的数据库进行编辑的过程,通常采用以下两种方式进行建库。

1）采用电子表格建库

编制人员将编制、录入后定额子目相关表格交予专人建库统一录入定额编制、印制系统。建立统一的定额库、工料机数据库，即由专门的定额录入及定额或工料机数据库管理人员根据定额编制专业人员底稿统一录入。采用这种建库方式的，统一性、严密性强，固定专门人员录编形成的定额库与工料机数据库协调、统一，但专业协调量大，同期形成定额底稿集中录入效率低。

2）采用定额编制软件建库

采用定额编制软件建库方式又分为以下两种做法。

（1）各编制人员在编制定额、建立定额库的同时建立共用共享的工料机数据库，即定额编制专业人员自主编录定额子目的工料机及各要素及其消耗量，从而形成完整的定额子目工料机数据库。定额编制人员一次形成完整的定额库与工料机数据库，但对工料机要素名称、规格、单位及价格的准确性与规范性要求高，不同使用人员容易产生认识与专业偏差，而且录入与补充时的一致性、协调性工作量较大。

（2）各章节编制内容相互独立，生成独立的专业章节定额子目库和工料机数据库，完成初稿或底稿后交由专门人员汇总、合并，校验、校核与修正，最后形成一个完整定额子目库和工料机数据库。采用这种方式编制定额，是利用各定额编制人员的阶段性成果，再通过专业管理人员对工料机数据库进行统一、规范的二次审核、协调，较好地保障了编制质量与编制效率。

无论是编制一个专业定额还是多部专业定额，均需保证工料机数据库中的人工、材料及机械等要素有唯一的分类、编码。

定额编制工料机数据库管理过程中会面临工料机数据库与定额子目库同步建立以及对已有工料机数据库（以往已编制完成定额后已有的工料机数据库）的利用与补充、更新两种情形。前一种情形的工料机数据库，其构成相对单一（仅为本专业定额内工料机要素），后一种情形则面临新编定额子目中工料机要素的选择是重新补充录入还是自原库中摘取的问题，两种情形均需维护工料机数据库的完整、纯净与严密。

同一材料名称在不同专业定额中的价格有时会相差较大，针对这种情况应编制不同的材料编码。例如，不锈钢管在装饰工程和安装工程中均有所涵盖，从名称上无法区分，需从专业上进行材料区分或可在材料名称后加上专业用途，如"不锈钢管（装饰工程用）"或"不锈钢管（安装工程或煤气工程用）"等进行区分，做到与其价格相对应。对于跨专业、跨定额、跨时段的同类、同种材料，定额编制人员或工料机数据库录入人员可先暂时在规范的工料机名称后加注编录专业章节（甚或子目），以保证相近工料机靠近、集中，方便类比、查实。待整个定额编制完成后，再对各聚类、相近工料机逐条比对,核定最终编码、名称等信息,确保数据库类别、具体条目的可扩展、可延伸。

　　成熟的工料机数据库管理应符合入库工料机要素名称完整、规格型号等特征完备、分类清晰入档、单位精准固定、价格齐备到位等要求。建库管理人员还应对工料机要素的名称、特征、单位及其价格等内容有一定的认知和把握。

　　从工料机数据库管理角度看,采用固定规则最为实用,由长期、固定的专业、专门人员实施管理;从定额编制管理角度看,不同子目、章节、专业册或专业定额的编制人员应具备熟练的工料机要素名称、特征、单位及其价格的专业规范认知和把握等技能。

2. 定额日常维护期工料机数据库管理

　　定额日常维护期工料机数据库管理主要包括工料机名称的进一步校核、精准、调整,其工作重点还包含对价格信息进行定期更新。更新范围不仅是《价格信息》中发布的主要材料,对其他的工料机要素价格也应保持更新,以维持工料机数据库所有材料价格的同步性、现实性、更新性。

4.2　建设工程定额的审查与核算

4.2.1　建设工程定额的内部审查

　　建设工程定额项目负责人在完成通稿工作之后,各章节编制人员需开展章节的互审工作。一方面,各章节编制人均为行业专业人士,可审核整本定额的专业性与前瞻性;另一方面,各章节负责人也可通过互审工作,对比分析各章节信息之间的协调性与统一性。

　　根据定额章、节及专业内容,互审工作以章或节为单元进行,同一审核单元以两名以上他章编制人员为宜,统一审核时间并行作业。依据编制经验,定额内部互审工作应重点关注文字规定、基础数据的切实性、准确性、真实性与实用性,审核的内容包括以下三个方面。

　　(1)计价说明、计量规则的适用性。

　　(2)子目名称、工作内容的完整性、确切性。

　　(3)子目工料机名称及其含量的真实性、准确性等,包括对一些消耗量测算异常、严重影响造价大的子目进行重新验证性的测算核实。

对发现的问题应及时记录并填写完整的定额互审表(见表4-1),待互审完毕一并提交给编制组。项目负责人可依据定额互审环节发现问题的具体情况安排多次互审环节,从而方便开展后续工作。

表 4-1　×××定额互审样表

序号	部位(页码、章节、定额编号或段落号)	问题类型(文字/数据中的矛盾、错误、遗漏、重复等)	问题表述	修改意见	修改意见理由说明	落实情况(采纳/不采纳/调整)	落实情况说明

互审修改完成后,项目负责人应召开定额修改情况的内部会议,每章节编制人员就互审环节发现的问题及修改情况进行汇报与说明,整个会议内容应形成总结报告,总结评审意见及其采纳情况、修改说明与结论等内容。

4.2.2　建设工程定额的子目核算

经过编制团队主要负责人与各章节负责人联合审查后的整本建设工程定额初稿编纂完成之后,即进入定额初稿的审查阶段。编制团队内部需要首先对新编制定额进行内部测算、发现异常点,再经过修正、再次测算这几个步骤完成定额的内部质量把控。

新旧定额的比较工作,应主要集中于原有定额子目保留的部分,重点关注新旧定额相同子目内工作内容的变化情况、工种的变化及工时的变化、材料的种类与数量的变化以及施工机械的种类与数量变化。

新旧定额之间的比较不仅是对新编定额的再次审查,而且会提炼出新旧定额之间的差异性,体现新编定额的先进性特点,便于新定额的宣贯。表4-2为某预算定额编制完成后的内部测算控制对比分析表。

表 4-2 定额子目变化对比分析样表

序号	2018定额编号	新定额子目名称	新定额子目综合价格构成				子目数量	2003定额编码	2003定额子目名称	2003定额子目综合价格构成				子目数量	子目价格变化比率/%				子目数量
			RG_{2018}	CL_{2018}	JX_{2018}	ZH_{2018}				RG_{2003}	CL_{2003}	JX_{2003}	ZH_{2003}		$\dfrac{RG_{2018}-RG_{2003}}{RG_{2003}}$	$\dfrac{CL_{2018}-CL_{2003}}{CL_{2003}}$	$\dfrac{JX_{2018}-JX_{2003}}{JX_{2003}}$	$\dfrac{ZH_{2018}-ZH_{2003}}{ZH_{2003}}$	

人工变化幅度范围	子目数量	材料变化幅度范围	子目数量	机械变化幅度范围	子目数量	综合价格变化幅度范围	子目数量
$RG_{2018}/RG_{2003} \leqslant -40\%$		$CL_{2018}/CL_{2003} \leqslant -40\%$		$JX_{2018}/JX_{2003} \leqslant -40\%$		$ZH_{2018}/ZH_{2003} \leqslant -40\%$	
$-40\% < RG_{2018}/RG_{2003} \leqslant -30\%$		$-40\% < CL_{2018}/CL_{2003} \leqslant -30\%$		$-40\% < JX_{2018}/JX_{2003} \leqslant -30\%$		$-40\% < ZH_{2018}/ZH_{2003} \leqslant -30\%$	
$-30\% < RG_{2018}/RG_{2003} \leqslant -20\%$		$-30\% < CL_{2018}/CL_{2003} \leqslant -20\%$		$-30\% < JX_{2018}/JX_{2003} \leqslant -20\%$		$-30\% < ZH_{2018}/ZH_{2003} \leqslant -20\%$	
$-20\% < RG_{2018}/RG_{2003} \leqslant -10\%$		$-20\% < CL_{2018}/CL_{2003} \leqslant -10\%$		$-20\% < JX_{2018}/JX_{2003} \leqslant -10\%$		$-20\% < ZH_{2018}/ZH_{2003} \leqslant -10\%$	
$-10\% < RG_{2018}/RG_{2003} \leqslant 0$		$-10\% < CL_{2018}/CL_{2003} \leqslant 0$		$-10\% < JX_{2018}/JX_{2003} \leqslant 0$		$-10\% < ZH_{2018}/ZH_{2003} \leqslant 0$	
$0 < RG_{2018}/RG_{2003} \leqslant 10\%$		$0 < CL_{2018}/CL_{2003} \leqslant 10\%$		$0 < JX_{2018}/JX_{2003} \leqslant 10\%$		$0 < ZH_{2018}/ZH_{2003} \leqslant 10\%$	
$10\% < RG_{2018}/RG_{2003} \leqslant 20\%$		$10\% < CL_{2018}/CL_{2003} \leqslant 20\%$		$10\% < JX_{2018}/JX_{2003} \leqslant 20\%$		$10\% < ZH_{2018}/ZH_{2003} \leqslant 20\%$	
$20\% < RG_{2018}/RG_{2003} \leqslant 30\%$		$20\% < CL_{2018}/CL_{2003} \leqslant 30\%$		$20\% < JX_{2018}/JX_{2003} \leqslant 30\%$		$20\% < ZH_{2018}/ZH_{2003} \leqslant 30\%$	
$RG_{2018}/RG_{2003} > 30\%$		$CL_{2018}/CL_{2003} > 30\%$		$JX_{2018}/JX_{2003} > 30\%$		$ZH_{2018}/ZH_{2003} > 30\%$	

注：RG 为人工，CL 为材料，JX 为机械。

4.2.3　建设工程定额的统稿

定额编制初稿在经过了前文叙述的几个编制步骤之后,定额章、节、目的文字及数据表格无论是以电子表格形式还是以定额编制软件的形式,均交由编制组汇总、统稿人员按正式稿要求编辑成册。

进入该阶段以后,项目负责人与各章节负责人需要对全本建筑工程定额进行统稿,统稿时应重点把控以下几个方面的内容。

(1) 各章节说明、工程量计算规则、章节名称、子目编号、子目名称(名称、规格等特征,步距)、子目工作内容、单位、工料机数据库信息(编码、名称、特征、单位、价格)、工料机消耗量、综合单价(工料机费、管理费、利润)、全费用综合单价(综合单价、安全文明施工措施费、规费、综合应纳税费)的完整性。

(2) 各章节说明与工程量计算规则的具体规定、表述顺序、呈现方式。

(3) 各子目表格中文字(名称、特征、单位等)表述的专业性、规范性。

(4) 各子目表格中数据(子目间数据的延续性及可比性、小数点后保留位数等)的准确性、可比性及逻辑性(相邻相近子目间数据的递进变化关系)。

4.2.4　建设工程定额的系统核算

新编制的定额经过新旧定额子目对比分析之后,需要对其进行专业工程核算与单位工程核算。一般选用实际工程套用新编制的定额开展案例核算工作。重点核算对比人工费、材料费、机械台班使用费及综合价格、工程总价的变化情况。对于偏差较大的项目,需指出偏差出现的原因。

案例核算结束,按分部分项工程造价变化对比分析表、单位工程造价变化对比分析表汇总后,对变化比较大的部分(±10%以上)进行重点检查、分析,排查因定额套用错误或计算错误等疏漏导致的数值偏差。

定额编制组应针对测算结果提出修改、调整方案,并再次进行测算,直至得出满意结果后撰写定额编制测算报告。

定额编制测算报告主要是测算案例及所选用定额子目的确认,测算过程进行统计描述,对修改方案、落实情况及结论进行说明。测算报告还应对新定额发布实施后所产生的市场波动及行政风险开展分析、定论。

为提升新编建设工程定额与目标市场的契合度,测算工作需依赖相关企业的技术支持,结合地区最近发生的实际工程按照新版建设工程定额进行新旧测算比对,从而找出偏差较大的项目与内容。表 4-3 列举了某地装饰工程预算定额编制样例测算方案的实施计划,表 4-4、表 4-5 以某地装饰工程预算定额的测算为例,给出了测算方案的样例。

表 4-3　建设工程定额测算方案实施安排样例

新编"××装饰工程消耗量定额(2018)"测算方案

新编"××装饰工程消耗量定额(2018)"测算拟安排专业工程测算和单位工程测算。测算过程中,需要对人工费、材料费、机械台班使用费及综合价格、工程总价的变化进行分析。对于偏差较大的项目,需给出偏差出现的原因。

一、专业工程测算

请各协编单位协助完成以下测算内容。

(1)确定专业工程测算范围:楼地面工程、墙柱面工程、天棚面工程、油漆涂料工程、门窗工程、其他工程、幕墙工程、脚手架工程和垂直运输部分。

(2)建立专业工程造价测算模型:选取典型工程,分别按照 2003 定额及 2018 定额计算工程的人工费、材料费、机械费及专业工程总造价,分析两种定额条件下各类费用变化幅度。

(3)专业工程造价偏差原因分析:对于费用变化幅度较大的专业工程,分析费用变化的原因及与建筑市场实际交易价格之间的偏差,确定偏差出现的合理性及 2018 定额的调整方法。

二、单位工程测算

请各协编单位协助完成以下测算内容。

(1)确定单位工程测算范围。

建 筑 类 型		案例数量	所需资料内容
商业地产	酒店式公寓	2	(1)工程施工图(建筑物高度、各层建筑面积及层高、基底标高); (2)技术标(工期、施工平面布置); (3)商务标(工程量清单、计价文件)
	精装写字楼	2	
	高档五星级酒店内装	2	
	三星级酒店内装	2	
科教文卫地产	医院	2	
	学校体育馆	2	
	学校教学楼	2	
	学校宿舍	2	
住宅	高层毛坯房	2	
	高层精装修住宅	2	
	别墅精装修	2	
特殊工程	幕墙工程	2	

(2)建立单位工程造价测算模型:收集案例,选取典型工程,分别按照 2003 定额及 2018 定额计算单位工程的人工费、材料费、机械费及单位工程总造价,分析两种定额条件下的费用变化幅度;分别核算按照 2003 定额及 2018 定额计算的各章(分部工程)的费用,对比分析分部工程费用变化状况,完成相关表格。

(3)专业工程造价偏差原因分析:对于费用变化幅度较大的单位工程及相应的分部工程,分析费用变化的原因及与建筑市场实际交易价格之间的偏差,确定偏差出现的合理性并提出对 2018 定额的调整方法。

表 4-4　某建设项目分部工程造价变化对比分析样表

序号	分部工程名称	2018 定额计算工程造价构成				2003 定额计算工程造价构成				工程造价变化比率			
		RG_{2018}	CL_{2018}	JX_{2018}	TL_{2018}	RG_{2003}	CL_{2003}	JX_{2003}	TL_{2003}	$\dfrac{RG_{2018}-RG_{2003}}{RG_{2003}}$	$\dfrac{CL_{2018}-CL_{2003}}{CL_{2003}}$	$\dfrac{JX_{2018}-JX_{2003}}{JX_{2003}}$	$\dfrac{ZH_{2018}-ZH_{2003}}{ZH_{2003}}$

人工变化幅度范围	子目数量	材料变化幅度范围	子目数量	机械变化幅度范围	子目数量	综合价格变化幅度范围	子目数量
$RG_{2018}/RG_{2003} \leqslant -40\%$		$CL_{2018}/CL_{2003} \leqslant -40\%$		$JX_{2018}/JX_{2003} \leqslant -40\%$		$ZH_{2018}/ZH_{2003} \leqslant -40\%$	
$-40\% < RG_{2018}/RG_{2003} \leqslant -30\%$		$-40\% < CL_{2018}/CL_{2003} \leqslant -30\%$		$-40\% < JX_{2018}/JX_{2003} \leqslant -30\%$		$-40\% < ZH_{2018}/ZH_{2003} \leqslant -30\%$	
$-30\% < RG_{2018}/RG_{2003} \leqslant -20\%$		$-30\% < CL_{2018}/CL_{2003} \leqslant -20\%$		$-30\% < JX_{2018}/JX_{2003} \leqslant -20\%$		$-30\% < ZH_{2018}/ZH_{2003} \leqslant -20\%$	
$-20\% < RG_{2018}/RG_{2003} \leqslant -10\%$		$-20\% < CL_{2018}/CL_{2003} \leqslant -10\%$		$-20\% < JX_{2018}/JX_{2003} \leqslant -10\%$		$-20\% < ZH_{2018}/ZH_{2003} \leqslant -10\%$	
$-10\% < RG_{2018}/RG_{2003} \leqslant 0$		$-10\% < CL_{2018}/CL_{2003} \leqslant 0$		$-10\% < JX_{2018}/JX_{2003} \leqslant 0$		$-10\% < ZH_{2018}/ZH_{2003} \leqslant 0$	
$0 < RG_{2018}/RG_{2003} \leqslant 10\%$		$0 < CL_{2018}/CL_{2003} \leqslant 10\%$		$0 < JX_{2018}/JX_{2003} \leqslant 10\%$		$0 < ZH_{2018}/ZH_{2003} \leqslant 10\%$	
$10\% < RG_{2018}/RG_{2003} \leqslant 20\%$		$10\% < CL_{2018}/CL_{2003} \leqslant 20\%$		$10\% < JX_{2018}/JX_{2003} \leqslant 20\%$		$10\% < ZH_{2018}/ZH_{2003} \leqslant 20\%$	
$20\% < RG_{2018}/RG_{2003} \leqslant 30\%$		$20\% < CL_{2018}/CL_{2003} \leqslant 30\%$		$20\% < JX_{2018}/JX_{2003} \leqslant 30\%$		$20\% < ZH_{2018}/ZH_{2003} \leqslant 30\%$	
$RG_{2018}/RG_{2003} > 30\%$		$CL_{2018}/CL_{2003} > 30\%$		$JX_{2018}/JX_{2003} > 30\%$		$ZH_{2018}/ZH_{2003} > 30\%$	

注：RG 为人工，CL 为材料，JX 为机械，TL 为总费用。

表 4-5 新旧定额工程造价变化对比测算分析样表

序号	工程名称	指标名称	章节名称										
			第1章	第2章	第3章	第4章	第5章	第6章	第7章	第8章	垂直运输	总费用	备注
		2018定额											
		2003定额											
		2018定额/2003定额											
		2018定额											
		2003定额											
		2018定额/2003定额											
		2018定额											
		2003定额											
		2018定额/2003定额											
		2018定额											
		2003定额											
		2018定额/2003定额											
		2018定额											
		2003定额											
		2018定额/2003定额											

续表

序号	工程名称	指标名称	章节名称								垂直运输	总费用	备注
			第1章	第2章	第3章	第4章	第5章	第6章	第7章	第8章			
		2018 定额											
		2003 定额											
		2018 定额/2003 定额											
		2018 定额											
		2003 定额											
		2018 定额/2003 定额											
		2018 定额											
		2003 定额											
		2018 定额/2003 定额											
		2018 定额											
		2003 定额											
		2018 定额/2003 定额											
		2018 定额											
		2003 定额											
		2018 定额/2003 定额											

4.3 建设工程定额的提交与发布

4.3.1 提交与终审

经过定额测算及调整修改并征求业内意见后,将新编定额的送审稿提交地区定额管理部门。管理部门应结合待发布定额的特点,邀请行业评审专家严格按照终审要求(全面性、合理性、一致性等方面)对终审稿进行客观评价,形成终审意见汇总表。

定额审查通常在两周内完成。审查意见汇总后进行分类整理,编制组召开审查意见反馈分析及落实会议,落实方案,并进一步完成定额的修改、调整,最终报批稿,将修改形成的定额数据库、工料机数据库及电子稿提交计价软件编制单位。

4.3.2 定额编制技术交底资料编制

新编定额一旦进入定额初稿互审阶段时,各章编制人员便可以开始着手进行定额编制技术交底资料(以下简称技术交底)的汇编与整理。

技术交底是对定额编制期间的具体工作进行回顾、提炼及说明,一般为以下五方面的内容。

(1) 定额编制大纲的主要工作要求(定额编制目的、依据、原则、方法及工作方式等)回顾。

(2) 新编定额主要内容及变化。

(3) 新编定额主要特点、解决的主要问题。

(4) 定额子目编制背景及对编制过程详细介绍与说明(包括关键工序设定、关键数据取定、关键规则规定、关键方法确定等)。

(5) 定额使用要点及注意事项(包括计量、计价、计费、调整、变动及与相关专业定额的配合使用等)。

4.3.3 建设工程定额的报批发布

经过征求意见及审查后的定额报批稿交相关主管部门批准发布。其中对新编定额发布的通知内容应包括发布目的、发布依据、发布内容、发布时间、发布定额的作用及适用范围、实施后对原有相关专业定额及其计价办法的处理、定额管理责任单位等方面的内容。

4.3.4 建设工程定额编制资料的存档

为确保建设工程定额编制资料的完整性与可追溯性，为后续各项工作的复核提供完备的资料信息，编制过程中的各类资料需整理与存档。由于相关资料的庞杂性与零碎性，可按照内容特征或名称特征将资料分为若干卷。

依据定额编制的工作经验，资料存档工作可以按以下几个方面进行梳理与归档，并装订成册。

专家信息：包括专家的姓名、职务、联系方式、所属单位、专业领域等。

会议资料信息：包括会议签到表、汇报发言稿、会议录音或录像资料等。

调研资料：现场调研计划表，现场调研照片与录像资料，相关省市参考定额资料，施工工艺资料，相关技术标准、图集等。

阶段性成果资料：子目规划过程表，子目测算过程表，建设工程定额征求意见稿、公开征求意见稿、专家终审稿与正式印刷稿等。

资料排序后，按照文件的特征进行概括并拟写案卷标题，将信息归类、存档完毕，做出文档目录，以便后续使用与查找。

4.4 建设工程定额的后评价

建设工程定额作为工程造价计价依据，在其发布一段时间后需要对其实际使用情况、业内反馈情况进行全面的了解，所以建设工程定额发布之后还需进行定额后评价工作。

4.4.1 评价对象的分解

作为定额使用评判的标准，首先应考量定额内容是否全面、周到，它是任何标准的基础。评判定额完整性首要标准是定额构成的完整性，其评判指标可分为总说明、章节设置及其说明和规则(工程量计算规则)、定额子目三项，各级指标下还可细分。

1. 总说明

对总说明的评价内容应包括定额内容(具体章构成)、定额作用、定额适用范围、定额编制依据、定额编制前提条件、人工说明、材料说明、机械说明、水平和垂直运输说明、超高增加说明、子目工作内容说明、特殊环境说明、安全文明施工说明、定额表达方式的说明("××以内""××以下"等说明)等。其中,关于人工、材料、机械的说明又可分为有关人工、材料、机械的具体评价内容。

(1) 人工说明:包括工种选择、工日定义、人工消耗量构成及测定条件等。

(2) 材料说明:包括材料质量标准、材料构成、材料消耗量构成及测定条件、材料品种换算、周转材料、其他材料费说明、具体章节材料重点说明等。

(3) 机械说明:包括机种及配备选择、机械消耗量构成测定条件、其他说明、具体章节机械重点说明等。

2. 章节设置及其说明和规则

评价章节说明时应关注章节设置(是否存在缺漏章节,设置是否合理、全面等)、本章内容(具体节构成)、本章计价共性内容说明、子目计价说明(内容说明、适用情形、设定内涵、前提条件、例外调整)等内容是否合理。

评价章节工程量计算规则时应关注子目工程量计算规则是否合理,应满足每一子目均有相应工程量计算规则。

3. 定额子目

评价定额子目时应重点考虑定额子目内容的充分性(完整性、是否存在漏项)、子目设置的必要性(是否存在非必要或不成熟项)、工作内容、计量单位、定额编号、子目(或项目)名称(含具体步距)、子目全费用综合单价(或子目综合单价)构成、子目人工构成、子目材料构成、子目机械构成共十项内容。其中,子目全费用综合单价构成、子目人工构成、子目材料构成和子目机械构成又可继续分解为以下子评价内容。

(1) 子目全费用综合单价构成:包括综合单价(包含人工费、材料费、机械费、管理费、利润五项费用)、安全文明施工措施费、规费、应纳税费。若非子目全费用综合单价构成,则为子目综合单价构成。

(2) 子目人工构成:包括各工种(普工、技工、高级技工)名称、单位、单价、相应消耗量或费用。

（3）子目材料构成：包括各主要材料名称、单位、单价、相应消耗量及其他材料费。

（4）子目机械构成：包括各主要机械名称、单位、单价、消耗量等。

指标完整性评价用于判断该指标及其所包含内容是否存在且完整，即是一个"是或否"进行回答与评判。

4.4.2 评价标准

评价对象与评价内容确定之后便是该如何进行评价的这一环节。应从指标适用性、指标准确性和指标及时性三个尺度开展新编定额的综合评判工作。

1. 指标适用性

指标适用性是反应指标应用价值大小的标尺，体现在定额提供的信息是否有用、是否满足用户的需求，该指标是否体现了地域、环境、层级、市场、时点等的适应性、是否体现出对构造、工艺、工法、步距、计算等的合理性、是否体现出对专业、范围、部位、做法、市场等的切实度等内容。

2. 指标准确性

指标准确性是评价工作的核心内容，准确性指标包括文字准确性与数据（含公式）准确性两部分。

1）文字准确性

文字准确性包括概念准确、语言准确和事实准确。

（1）概念准确包括是否采用专业的术语，专业术语是否使用妥当，对术语、词语的定义是否专业、完整、准确等。

（2）语言准确包括用语的通顺性、通用性、专业性与规范性，包括语言逻辑是否通达、明了，表述同一内容规定的用语是否一致、通用，制定规则用语是否专业与规范，文字、字体是否规范统一。

（3）事实准确包括内容（情形描述是否真实、求是、连贯、一致）、时间（对时间的说明是否明确、完备）、空间（对空间的界定描述是否清晰、到位）、范围（对范围的规定是否具体、可行）、顺序（说明、规则规定是否合乎工程逻辑、程序）、程度（对程度的表述是否恰当、严谨）六个方面。

2）数据（含公式）准确性

数据（含公式）准确性包括数据准确度与数据规范性。

（1）数据准确度评价主要是指定额数据值与目标值之间的差异程度。实践中,真实值是不易获得的,一般通过分析抽样误差、范围误差、时间误差、计数误差、方法误差、人为误差等影响数据准确性的各个因素,测算统计数据值的变动系数、标准差,将误差控制在一个可以接受的范围内,以确保数据信息的准确度。其评价内容包括消耗量数据的准确度,配套工料机、子目价格、费用的准确度,消耗量数据、价格、费用与子目单位的一致性等内容。

（2）数据规范性评价主要是指定额数据的表现形式,如序号是采用阿拉伯数字还是中文数字,章节、子目及工料机编码是否统一、连续、协调,消耗量数据小数点后的保留位数,同类数据的一致性、协调性等。

数据(含公式)准确性评价可通过判断该指标出现错误的次数、程度,设定不同出错次数应扣除的分值来评判、比较。其可根据所评判对象或内容的"准确、部分准确、不准确"三档来决定其所赋值的增加、减半增加或完全扣除等方式来判断。

3. 指标及时性

定额作为反映建设工程技术水平与管理水平及政策导向的工程造价计价依据,必须顺应时代、行业、社会及市场的多方需求。定额及时性可从定额先进性、定额编制紧凑性和定额编制周期的间隔性这三个方面来考察。

1）定额先进性

定额先进性主要是基于专业内的时间(相比以往定额)和空间(不同地域定额间)两个方面开展,可按照"创新、协调、绿色、开放、共享"五大发展理念进行衡量。

（1）创新理念体现在说明、工程量计算规则、子目列项及其内含的简洁性、便捷性、切实性和突破性,还应体现在使用定额列项计量的科学性、计价机制革新性等整体、创新性内容。

（2）协调理念体现了定额的说明、规则及章节列项与相近专业、上下游计价标准(估概预算指标及定额)及工程量清单计价规范的协同性、融合性、一致性和系统性,还应包括定额与生产技术、成本管理及市场交易的契合性与协整性。

（3）绿色理念体现在子目列项、工料机种类及消耗量、措施费项目及管理费中含有节能减排、绿色材料及技术、可持续发展工艺技术(如工业化、装配式、信息化等),以及符合绿色发展指标的内容、数量或占比,还应包括定额编制与使用过程中所采用的无纸化、信息化、低消耗的内容。

（4）开放理念体现在说明、子目列项、工作内容、工料机名称、含量及价格、费用换算、调整等的延伸性、包容性、扩展性和国际性工程价格指数、计价标准的可承接性,还应涵盖定额向用户(不同建设主体)、向用场(不同建设过程、发承包模式)、向市场的开放程度内容。

（5）共享理念体现在说明、规则及章节子目列项、子目工料机名称、含量及价格采用的通行性、通用性、多向性和跨越性，还应包括不同地域、不同时域、不同主体、不同模式下的内容同享与机理共用。

2）定额编制紧凑性

定额编制紧凑性体现在定额的编制工期，即自启动编制之日起至发布实施之日止的时间间隔，可按周或月为单位来考评。

鉴于不同阶段（可行性研究、初步设计、施工图设计）计价要求、不同体量（章节、子目数目）、工艺复杂度（子目涉及工料机种类）及专业构成的差异性，其编制工期也有所不同。根据以往编制管理经验，定额及各类造价指标的体量或工作量可按照其所含子目（或项目）数量划分为两类，以 200 条（相当于通用定额一章的内容）为界。小于 200 条子目或项目数的为小型定额（或指标），包括补充定额；大于200 条子目或项目数的为大型定额（或指标）。

小型定额（或指标）的编制工期宜为 8～40 周，大型定额（或指标）的编制工期宜为 10～24 个月。含编制规程各阶段（准备、编制初稿、征求意见、审查、批准发布）工期的定额（或指标）编制工期样例如表 4-6 所示。

表 4-6　定额（或指标）编制工期样例

编制程序	准备	编制初稿				征求意见及修改	审查及修改	报批发布	合　计
		调研及收集资料	子目编列	工料机消耗量测定	子目价格费用形成及统稿				
小型定额（子目数≤200条）	1～2	1～3	1～6	1～16	1～3	1～4	1～4	1～2	8～40 周
大型定额（子目数＞200条）	0.5	1～2	2～5	3～10	1～2	1～2	1～2	0.5	10～24 个月

3）定额编制周期的间隔性

定额（或指标）编制周期的间隔，即本专业定额（或指标）自上次发布之日起至本次预计发布之日止的时间间隔。《建设工程定额管理办法》中规定："对相关技术规程和技术规范已全面更新且不能满足工程计价需要的定额，发布实施已满五年的定额，应全面修订。"参考定额编制工期，按实施满五年起启动编制之日算起，小型定额编制周期上限可设为六年，大型定额编制周期上限可设为七年，以此标准评判定额编制周期指标。

定额(或指标)及时性各项指标以先行为主,其次为定额编制工期和定额编制周期。先进性打分可采取加分计,五项内容各占 20 分,每项内容中有一改进、推动或提升者加 5 分。编制工期和编制周期打分可采取扣分制,按超过总工期 10% 起扣,并依照百分制内插法得出具体数值。按满分 100 计,各项分值及权重如表 4-7 所示。

表 4-7　定额(或指标)质量标准评价样表——及时性

序号	评价项目	满分值/分	权重值
1	先进性(创新、协调、绿色、开放、共享)	100	0.60
2	编制工期	100	0.20
3	编制周期	100	0.20

如前所述,定额构成分为总说明(如有附录,可并入总说明一并评价)和各章节内容(说明、规则及定额子目)两部分,应设定一个定额构成中各评价对象的评分占比。前述完整性、适用性、准确性与及时性构成了定额质量评判的标准,也决定了定额使用价值的高低。根据经验与讨论,设定评价对象和评价标准内容占比如表 4-8 所示。

表 4-8　定额(或指标)质量标准评价样表——综合权重值

评价对象占比(合计为 1)			评价内容占比(合计为 1)	
总说明	章节说明及规则	定额子目	指　标	综合权重值
0.05	0.15	0.80	完整性	0.15
			适用性	0.30
			准确性	0.40
			及时性	0.15

需要强调的是,定额质量评判标准是一个相对概念。定额质量评判应首先从用户角度出发,考虑其指标的完整性、适用性、准确性和及时性。

即使对于同一文字或数据来说,不同用户也会提出不同的质量要求,有的可能偏重适用性,有的可能偏重准确性;不同阶段、不同专业定额或指标对各项指标的要求程度也各有侧重与特性。因此,定额管理机构需要在定额质量评审的各个方面进行不断权衡、选择和折中,以达到一个最佳平衡点,以满足用户需求。

表 4-9～表 4-11 是建设工程定额后评价涉及的评价样表,可依据评价对象的特点与内容进行适当修改与调整。

表 4-9　定额（或指标）详尽评价样表——完整性、适用性、准确性——第××章

一级指标	二级指标	三级指标		完整性	适用性	准确性	小计
章节及其说明和规则	2-1　章节设置、说明	2-1-1	章内容构成				
		2-1-2	计价共性内容说明				
		2-1-3	本章依节、子目顺序计价说明				
		2-1-4	……				
	2-2　工程量计算规则	2-2-1	本章依节、子目顺序计算规则				
		2-2-2	……				
定额子目	3-1　子目充分性						
	3-2　子目必要性						
	3-3　子目表格节名称						
	3-4　工作内容						
	3-5　计量单位						
	3-6　定额编号						
	3-7　子目名称						
	3-8　子目（全费用）综合单价	3-8-1	综合单价构成				
		3-8-2	安全文明施工措施费				
		3-8-3	规费				
		3-8-4	应纳税费				
	3-9　子目人工构成	3-9-1	工种名称、单位、单价				
		3-9-2	消耗量				
	3-10　子目材料构成	3-10-1	材料名称、单位、单价				
		3-10-2	消耗量				
		3-10-3	其他材料费				
	3-11　子目机械构成	3-11-1	机械名称、单位、单价				
		3-11-2	消耗量				
合　　计							

表 4-10　定额（或指标）详尽评价样表——先进性

一级指标	二级指标	三级指标	创新	协调	绿色	开放	协调	小计
1. 总说明	1-1　定额内容							
	1-2　定额作用							
	1-3　定额适用范围							
	1-4　定额编制依据							
	1-5　定额编制前提条件							
	1-6　人工说明							
	1-7　材料说明							
	1-8　机械说明							
	1-9　水平和垂直运输说明							
	1-10　超高增加说明							
	1-11　子目工作内容说明							
	1-12　特殊环境说明							
	1-13　安全文明施工说明							
	1-14　定额表达说明							
2. 章节及其说明和规则	2-1　章节设置、说明	2-1-1　章节设置						
		2-1-2　计价共性内容说明							
		2-1-3　本章依节、子目顺序计价说明							
	2-2　工程量计算规则	2-2-1　本章依节、子目顺序计算规则							
		2-2-2　……							
3. 定额子目	3-1　子目充分性							
	3-2　子目必要性							
	3-3　子目表格节名称							
	3-4　工作内容							
	3-5　计量单位							
	3-6　定额编号							
	3-7　子目名称							
	3-8　子目(全费用)综合单价							
	3-9　子目人工构成	3-9-1　工种名称、单位、单价							
		3-9-2　消耗量							
	3-10　子目材料构成	3-10-1　材料名称、单位、单价							
		3-10-2　消耗量							
		3-10-3　其他材料费							
	3-11　子目机械构成	3-11-1　机械名称、单位、单价							
		3-11-2　消耗量							
合　计								

表 4-11 定额(或指标)详尽评价样表——及时性

序号	评 价 项 目		分值	权重值
1	先进性(创新、协调、绿色、开放、共享)	总说明		0.60
		章节设置、说明及规则		
		定额子目		
2	编制工期(满分100,扣分后得分)			0.20
3	编制周期(满分100,扣分后得分)			0.20
总分合计				1

结　　语

　　建设工程定额编制是一项实践性、经验性较强的工作,但其学科所涉内容却仅止于理论描述。而在工作实践中,不同的编制人员的实践体验及理论认识千差万别,没有一套统一的、稳定的操作指引,亟须诸如工作守则之类的文字资料或文件加以规范。

　　本书依据住建部标准定额司颁发的《建设工程定额管理办法》,结合定额编制工作的实践经验,通过对定额编制规程、规则与标准进行系统、详尽的分析、总结与提炼,尝试建立起一套依"程序性控制、标准化作业"的定额编制控制、全流程管理及其质量控制的守则或范例,期望为定额的行政管理工作提供可鉴识、可操控、可评判的工具和依据,推进定额管理的质量、效能提升。本书行文之中必有不到位、不成熟、不完善、不科学之认识与做法,例如定额调研调查的全面性和深入度、定额审查把关之严密度、定额质量评判标准之各指标权重及细分值的取定等,还希望得到业内外有心人士的批评与指正。

　　时代在演进,社会在变革,市场在发展,技术在进步,建设过程中各项作业愈加纷繁、规范与科学,社会对定额、计价依据的需求与期待也愈加多样、精细与严苛,加之互联网、大数据、云计算等信息化技术飞跃发展,公共服务高品化、高质化、高效化成为政府与社会迫切面对的课题,未来"数据决策""数字定额""云端编制""终端评价""协同治理""共享定额"将成为可设想、可努力的选择与目标。作为服务社会的行政管理部门,理应审时度势、精心谋划,超前布局、力争主动,加强与提升对计价依据的研究力度、编制精度、审查强度和治理高度,推动我国计价依据管理走向更加科学、开放、协调、健康的发展轨道。

参 考 文 献

[1] 臧知非.秦汉土地赋役制度研究[M].北京：中央编译出版社,2017.

[2] 张红标,颜斌,钟文龙.建设工程定额评价标准制定的有关探讨[J].工程造价管理,2018(3)：32-42.

[3] 吴翠兰.浅议中小型建设项目设计阶段造价管理[J].价值工程,2011(7)：78-79.

[4] 李凤梅.确定施工企业内部定额的原则和方法理[J].经济师,2012(6)：287-287.

[5] 刘先隆.承包工程中劳动定额的管理[J].国际经济合作,1996(4)：56-60.

[6] 张红标.建设工程计价依据中人工成本转型管理研究[J].工程造价管理,2014(4)：22-27.

[7] 徐松.探究"营改增"对建筑施工企业造价管理的影响及应对策略[J].建设监理,2018(11)：74-77.

[8] 马旭明.工程设计中材料编码的研究[J].当代石油石化,2012(8)：32-36.

[9] 张红标,陈南玲,许尔淑,等.基于标准管理的定额管理模式构想[J].建筑经济,2019(5)：11-16.

附录 **1** 住房城乡建设部关于进一步推进工程造价管理改革的指导意见

建标〔2014〕142 号

各省、自治区住房城乡建设厅,直辖市建委,国务院有关部门,总后基建营房部工程管理局:

近年来,工程造价管理坚持市场化改革方向,完善工程计价制度,转变工程计价方式,维护各方合法权益,取得了明显成效。但也存在工程建设市场各方主体计价行为不规范,工程计价依据不能很好满足市场需要,造价信息服务水平不高,造价咨询市场诚信环境有待改善等问题。为完善市场决定工程造价机制,规范工程计价行为,提升工程造价公共服务水平,现就进一步推进工程造价管理改革提出如下意见。

一、总体要求

(一)指导思想

深入贯彻落实党的十八大、十八届三中全会精神和党中央、国务院各项决策部署,适应中国特色新型城镇化和建筑业转型发展需要,紧紧围绕使市场在工程造价确定中起决定性作用,转变政府职能,实现工程计价的公平、公正、科学合理,为提高工程投资效益、维护市场秩序、保障工程质量安全奠定基础。

(二)主要目标

到 2020 年,健全市场决定工程造价机制,建立与市场经济相适应的工程造价管理体系。完成国家工程造价数据库建设,构建多元化工程造价信息服务方式。完善工程计价活动监管机制,推行工程全过程造价服务。改革行政审批制度,建立造价咨询业诚信体系,形成统一开放、竞争有序的市场环境。实施人才发展战略,培养与行业发展相适应的人才队伍。

二、主要任务和措施

(三)健全市场决定工程造价制度

加强市场决定工程造价的法规制度建设,加快推进工程造价管理立法,依法规范市场主体计价行为,落实各方权利义务和法律责任。全面推行工程量清单计价,完善配套管理制度,为"企业自主报价,竞争形成价格"提供制度保障。细化招投标、合同订立阶段有关工程造价条款,为严格按照合同履约工程结算与合同价款支付夯实基础。

按照市场决定工程造价原则,全面清理现有工程造价管理制度和计价依据,消除对市场主体计价行为的干扰。大力培育造价咨询市场,充分发挥造价咨询企业在造价形成过程中的第三方专业服务的作用。

(四)构建科学合理的工程计价依据体系

逐步统一各行业、各地区的工程计价规则,以工程量清单为核心,构建科学合理的工程计价依据体系,为打破行业、地区分割,服务统一开放、竞争有序的工程建设市场提供保障。

完善工程项目划分,建立多层级工程量清单,形成以清单计价规范和各专(行)业工程量计算规范配套使用的清单规范体系,满足不同设计深度、不同复杂程度、不同承包方式及不同管理需求下工程计价的需要。推行工程量清单全费用综合单价,鼓励有条件的行业和地区编制全费用定额。完善清单计价配套措施,推广适合工程量清单计价的要素价格指数调价法。

研究制定工程定额编制规则,统一全国工程定额编码、子目设置、工作内容等编制要求,并与工程量清单规范衔接。厘清全国统一、行业、地区定额专业划分和管理归属,补充完善各类工程定额,形成服务于从工程建设到维修养护全过程的工程定额体系。

(五)建立与市场相适应的工程定额管理制度

明确工程定额定位,对国有资金投资工程,作为其编制估算、概算、最高投标限价的依据;对其他工程仅供参考。通过购买服务等多种方式,充分发挥企业、科研单位、社团组织等社会力量在工程定额编制中的基础作用,提高工程定额编制水平。鼓励企业编制企业定额。

建立工程定额全面修订和局部修订相结合的动态调整机制,及时修订不符合市场实际的内容,提高定额时效性。编制有关建筑产业现代化、建筑节能与绿色建筑等工程定额,发挥定额在新技术、新工艺、新材料、新设备推广应用中的引导约束作用,支持建筑业转型升级。

(六)改革工程造价信息服务方式

明晰政府与市场的服务边界,明确政府提供的工程造价信息服务清单,鼓励社会力量开展工程造价信息服务,探索政府购买服务,构建多元化的工程造价信息服务方式。

建立工程造价信息化标准体系。编制工程造价数据交换标准,打破信息孤岛,奠定造价信息数据共享基础。建立国家工程造价数据库,开展工程造价数据积累,提升公共服务能力。制定工程造价指标指数编制标准,抓好造价指标指数测算发布工作。

(七)完善工程全过程造价服务和计价活动监管机制

建立健全工程造价全过程管理制度,实现工程项目投资估算、概算与最高投标限价、合同价、结算价政策衔接。注重工程造价与招投标、合同的管理制度协调,形成制度合力,保障工程造价的合理确定和有效控制。

完善建设工程价款结算办法,转变结算方式,推行过程结算,简化竣工结算。建筑工程在交付竣工验收时,必须具备完整的技术经济资料,鼓励将竣工结算书作为竣工验收备案的文件,引导工程竣工结算按约定及时办理,遏制工程款拖欠。创新工程造价纠纷调解机制,鼓励联合行业协会成立专家委员会进行造价纠纷专业调解。

推行工程全过程造价咨询服务,更加注重工程项目前期和设计的造价确定。充分发挥造价工程师的作用,从工程立项、设计、发包、施工到竣工全过程,实现对造价的动态控制。发挥造价管理机构专业作用,加强对工程计价活动及参与计价活动的工程建设各方主体、从业人员的监督检查,规范计价行为。

(八)推进工程造价咨询行政审批制度改革

研究深化行政审批制度改革路线图,做好配套准备工作,稳步推进改革。探索造价工程师交由行业协会管理。将甲级工程造价咨询企业资质认定中的延续、变更等事项交由省级住房城乡建设主管部门负责。

放宽行业准入条件,完善资质标准,调整乙级企业承接业务的范围,加强资质动态监管,强化执业责任,健全清出制度。推广合伙制企业,鼓励造价咨询企业多元化发展。

加强造价咨询企业跨省设立分支机构管理,打击分支机构和造价工程师挂靠现象。简化跨省承揽业务备案手续,清除地方、行业壁垒。简化申请资质资格的材料要求,推行电子化评审,加大公开公示力度。

(九)推进造价咨询诚信体系建设

加快造价咨询企业职业道德守则和执业标准建设,加强执业质量监管。整合资质资格管理系统与信用信息系统,搭建统一的信息平台。依托统一信息平台,建立信用档案,及时公开信用信息,形成有效的社会监督机制。加强信息资源整合,逐步建立与工商、税务、社保等部门的信用信息共享机制。

探索开展以企业和从业人员执业行为和执业质量为主要内容的评价,并与资质资格管理联动,营造"褒扬守信、惩戒失信"的环境。鼓励行业协会开展社会信用评价。

(十)促进造价专业人才水平提升

研究制定工程造价专业人才发展战略,提升专业人才素质。注重造价工程师考试和继续教育的实务操作和专业需求。加强与大专院校联系,指导工程造价专业学科建设,保证专业人才培养质量。

研究造价员从业行为监管办法。支持行业协会完善造价员全国统一自律管理制度,逐步统一各地、各行业造价员的专业划分和级别设置。

三、组织保障

(十一)加强组织领导

各级住房城乡建设主管部门要充分认识全面深化工程造价管理改革的重要性,解放思想,调动造价管理机构积极性,以问题为导向,制定实施方案,完善支撑体系,落实各项改革措施,整体推进造价管理改革不断深化。

(十二)加强造价管理机构自身建设

以推进事业单位改革为契机,进一步明确造价管理机构职能,强化工程造价市场监管和公共服务职责,落实工作经费,加大造价专业人才引进力度。制定工程造价机构管理人员专业知识培训计划,保障造价管理机构专业水平。

(十三)做好行业协会培育

充分发挥协会在引导行业发展、促进诚信经营、维护公平竞争、强化行业自律和人才培养等方面的作用,加强协会自身建设,提升为造价咨询企业和执业人员服务的能力。

中华人民共和国住房和城乡建设部

2014 年 9 月 30 日

 **附录2　住房城乡建设部　财政部
关于印发《建筑安装工程
费用项目组成》的通知**

建标〔2013〕44 号

各省、自治区住房城乡建设厅、财政厅,直辖市建委(建交委)、财政局,国务院有关
部门:

　　为适应深化工程计价改革的需要,根据国家有关法律、法规及相关政策,在总
结原建设部、财政部《关于印发〈建筑安装工程费用项目组成〉的通知》(建标〔2003〕
206 号)(以下简称《通知》)执行情况的基础上,我们修订完成了《建筑安装工程费
用项目组成》(以下简称《费用组成》),现印发给你们。为便于各地区、各部门做好
发布后的贯彻实施工作,现将主要调整内容和贯彻实施有关事项通知如下。

　　一、《费用组成》调整的主要内容。

　　(一) 建筑安装工程费用项目按费用构成要素组成划分为人工费、材料费、施
工机具使用费、企业管理费、利润、规费和税金(见附件 1)。

　　(二) 为指导工程造价专业人员计算建筑安装工程造价,将建筑安装工程
费用按工程造价形成顺序划分为分部分项工程费、措施项目费、其他项目费、
规费和税金(见附件 2)。

　　(三) 按照国家统计局《关于工资总额组成的规定》,合理调整了人工费构成及
内容。

　　(四) 依据国家发展改革委、财政部等 9 部委发布的《标准施工招标文件》的有
关规定,将工程设备费列入材料费;原材料费中的检验试验费列入企业管理费。

　　(五) 将仪器仪表使用费列入施工机具使用费;大型机械进出场及安拆费列入
措施项目费。

　　(六) 按照《社会保险法》的规定,将原企业管理费中劳动保险费中的职工死亡
丧葬补助费、抚恤费列入规费中的养老保险费;在企业管理费中的财务费和其他
中增加担保费用、投标费、保险费。

（七）按照《社会保险法》《建筑法》的规定，取消原规费中危险作业意外伤害保险费，增加工伤保险费、生育保险费。

（八）按照财政部的有关规定，在税金中增加地方教育附加。

二、为指导各部门、各地区按照本通知开展费用标准测算等工作，我们对原《通知》中建筑安装工程费用参考计算方法、公式和计价程序等进行了相应的修改完善，统一制定了《建筑安装工程费用参考计算方法》和《建筑安装工程计价程序》（见附件3、附件4）。

三、《费用组成》自2013年7月1日起施行，原建设部、财政部《关于印发〈建筑安装工程费用项目组成〉的通知》（建标〔2003〕206号）同时废止。

附件：1. 建筑安装工程费用项目组成（按费用构成要素划分）

2. 建筑安装工程费用项目组成（按造价形成划分）

3. 建筑安装工程费用参考计算方法

4. 建筑安装工程计价程序

中华人民共和国住房和城乡建设部

中华人民共和国财政部

2013年3月21日

附件 1：

建筑安装工程费用项目组成
（按费用构成要素划分）

建筑安装工程费按照费用构成要素划分：由人工费、材料（包含工程设备，下同）费、施工机具使用费、企业管理费、利润、规费和税金组成。其中人工费、材料费、施工机具使用费、企业管理费和利润包含在分部分项工程费、措施项目费、其他项目费中（见附表）。

（一）人工费：是指按工资总额构成规定，支付给从事建筑安装工程施工的生产工人和附属生产单位工人的各项费用。内容包括：

1. 计时工资或计件工资：是指按计时工资标准和工作时间或对已做工作按计件单价支付给个人的劳动报酬。

2. 奖金：是指对超额劳动和增收节支支付给个人的劳动报酬。如节约奖、劳动竞赛奖等。

3. 津贴补贴：是指为了补偿职工特殊或额外的劳动消耗和因其他特殊原因支付给个人的津贴，以及为了保证职工工资水平不受物价影响支付给个人的物价补贴。如流动施工津贴、特殊地区施工津贴、高温(寒)作业临时津贴、高空津贴等。

4. 加班加点工资：是指按规定支付的在法定节假日工作的加班工资和在法定日工作时间外延时工作的加点工资。

5. 特殊情况下支付的工资：是指根据国家法律、法规和政策规定，因病、工伤、产假、计划生育假、婚丧假、事假、探亲假、定期休假、停工学习、执行国家或社会义务等原因按计时工资标准或计时工资标准的一定比例支付的工资。

(二)材料费：是指施工过程中耗费的原材料、辅助材料、构配件、零件、半成品或成品、工程设备的费用。内容包括：

1. 材料原价：是指材料、工程设备的出厂价格或商家供应价格。

2. 运杂费：是指材料、工程设备自来源地运至工地仓库或指定堆放地点所发生的全部费用。

3. 运输损耗费：是指材料在运输装卸过程中不可避免的损耗。

4. 采购及保管费：是指为组织采购、供应和保管材料、工程设备的过程中所需要的各项费用。包括采购费、仓储费、工地保管费、仓储损耗。

工程设备是指构成或计划构成永久工程一部分的机电设备、金属结构设备、仪器装置及其他类似的设备和装置。

(三)施工机具使用费：是指施工作业所发生的施工机械、仪器仪表使用费或其租赁费。

1. 施工机械使用费：以施工机械台班耗用量乘以施工机械台班单价表示，施工机械台班单价应由下列七项费用组成。

(1)折旧费：是指施工机械在规定的使用年限内，陆续收回其原值的费用。

(2)大修理费：是指施工机械按规定的大修理间隔台班进行必要的大修理，以恢复其正常功能所需的费用。

(3)经常修理费：是指施工机械除大修理以外的各级保养和临时故障排除所需的费用。包括为保障机械正常运转所需替换设备与随机配备工具附具的摊销和维护费用，机械运转中日常保养所需润滑与擦拭的材料费用及机械停滞期间的维护和保养费用等。

(4)安拆费及场外运费：安拆费是指施工机械(大型机械除外)在现场进行安装与拆卸所需的人工、材料、机械和试运转费用以及机械辅助设施的折旧、搭设、拆除等费用；场外运费是指施工机械整体或分体自停放地点运至施工现场或由一施工地点运至另一施工地点的运输、装卸、辅助材料及架线等费用。

（5）人工费：是指机上司机（司炉）和其他操作人员的人工费。

（6）燃料动力费：是指施工机械在运转作业中所消耗的各种燃料及水、电等。

（7）税费：是指施工机械按照国家规定应缴纳的车船使用税、保险费及年检费等。

2. 仪器仪表使用费：是指工程施工所需使用的仪器仪表的摊销及维修费用。

（四）企业管理费：是指建筑安装企业组织施工生产和经营管理所需的费用。内容包括如下。

1. 管理人员工资：是指按规定支付给管理人员的计时工资、奖金、津贴补贴、加班加点工资及特殊情况下支付的工资等。

2. 办公费：是指企业管理办公用的文具、纸张、账表、印刷、邮电、书报、办公软件、现场监控、会议、水电、烧水和集体取暖降温（包括现场临时宿舍取暖降温）等费用。

3. 差旅交通费：是指职工因公出差、调动工作的差旅费，住勤补助费，市内交通费和误餐补助费，职工探亲路费，劳动力招募费，职工退休、退职一次性路费，工伤人员就医路费，工地转移费以及管理部门使用的交通工具的油料、燃料等费用。

4. 固定资产使用费：是指管理和试验部门及附属生产单位使用的属于固定资产的房屋、设备、仪器等的折旧、大修、维修或租赁费。

5. 工具用具使用费：是指企业施工生产和管理使用的不属于固定资产的工具、器具、家具、交通工具和检验、试验、测绘、消防用具等的购置、维修和摊销费。

6. 劳动保险和职工福利费：是指由企业支付的职工退职金、按规定支付给离休干部的经费，集体福利费、夏季防暑降温、冬季取暖补贴、上下班交通补贴等。

7. 劳动保护费：是企业按规定发放的劳动保护用品的支出。如工作服、手套、防暑降温饮料以及在有碍身体健康的环境中施工的保健费用等。

8. 检验试验费：是指施工企业按照有关标准规定，对建筑以及材料、构件和建筑安装物进行一般鉴定、检查所发生的费用，包括自设试验室进行试验所耗用的材料等费用。不包括新结构、新材料的试验费，对构件做破坏性试验及其他特殊要求检验试验的费用和建设单位委托检测机构进行检测的费用，对此类检测发生的费用，由建设单位在工程建设其他费用中列支。但对施工企业提供的具有合格证明的材料进行检测不合格的，该检测费用由施工企业支付。

9. 工会经费：是指企业按《工会法》规定的全部职工工资总额比例计提的工会经费。

10. 职工教育经费：是指按职工工资总额的规定比例计提，企业为职工进行专业技术和职业技能培训,专业技术人员继续教育、职工职业技能鉴定、职业资格认定以及根据需要对职工进行各类文化教育所发生的费用。

11. 财产保险费:是指施工管理用财产、车辆等的保险费用。

12. 财务费:是指企业为施工生产筹集资金或提供预付款担保、履约担保、职工工资支付担保等所发生的各种费用。

13. 税金:是指企业按规定缴纳的房产税、车船使用税、土地使用税、印花税等。

14. 其他:包括技术转让费、技术开发费、投标费、业务招待费、绿化费、广告费、公证费、法律顾问费、审计费、咨询费、保险费等。

(五)利润:是指施工企业完成所承包工程获得的盈利。

(六)规费:是指按国家法律、法规规定,由省级政府和省级有关权力部门规定必须缴纳或计取的费用。包括:

1. 社会保险费。

(1)养老保险费:是指企业按照规定标准为职工缴纳的基本养老保险费。

(2)失业保险费:是指企业按照规定标准为职工缴纳的失业保险费。

(3)医疗保险费:是指企业按照规定标准为职工缴纳的基本医疗保险费。

(4)生育保险费:是指企业按照规定标准为职工缴纳的生育保险费。

(5)工伤保险费:是指企业按照规定标准为职工缴纳的工伤保险费。

2. 住房公积金:是指企业按规定标准为职工缴纳的住房公积金。

3. 工程排污费:是指按规定缴纳的施工现场工程排污费。

其他应列而未列入的规费,按实际发生计取。

(七)税金:是指国家税法规定的应计入建筑安装工程造价内的营业税、城市维护建设税、教育费附加以及地方教育附加。

附表

建筑安装工程费用项目组成表
（按费用构成要素划分）

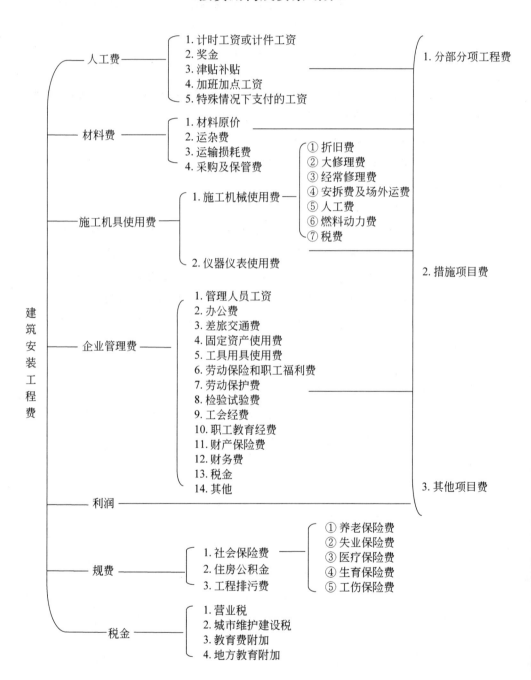

附件 2：

建筑安装工程费用项目组成
（按造价形成划分）

建筑安装工程费按照工程造价形成由分部分项工程费、措施项目费、其他项目费、规费、税金组成，分部分项工程费、措施项目费、其他项目费包含人工费、材料费、施工机具使用费、企业管理费和利润（见附表）。

（一）分部分项工程费：是指各专业工程的分部分项工程应予列支的各项费用。

1. 专业工程：是指按现行国家计量规范划分的房屋建筑与装饰工程、仿古建筑工程、通用安装工程、市政工程、园林绿化工程、矿山工程、构筑物工程、城市轨道交通工程、爆破工程等各类工程。

2. 分部分项工程：是指按现行国家计量规范对各专业工程划分的项目。如房屋建筑与装饰工程划分的土石方工程、地基处理与桩基工程、砌筑工程、钢筋及钢筋混凝土工程等。

各类专业工程的分部分项工程划分见现行国家或行业计量规范。

（二）措施项目费：是指为完成建设工程施工，发生于该工程施工前和施工过程中的技术、生活、安全、环境保护等方面的费用。内容包括：

1. 安全文明施工费。

（1）环境保护费：是指施工现场为达到环保部门要求所需要的各项费用。

（2）文明施工费：是指施工现场文明施工所需要的各项费用。

（3）安全施工费：是指施工现场安全施工所需要的各项费用。

（4）临时设施费：是指施工企业为进行建设工程施工所必须搭设的生活和生产用的临时建筑物、构筑物和其他临时设施费用。包括临时设施的搭设、维修、拆除、清理费或摊销费等。

2. 夜间施工增加费：是指因夜间施工所发生的夜班补助费、夜间施工降效、夜间施工照明设备摊销及照明用电等费用。

3. 二次搬运费：是指因施工场地条件限制而发生的材料、构配件、半成品等一次运输不能到达堆放地点，必须进行二次或多次搬运所发生的费用。

4. 冬雨季施工增加费：是指在冬季或雨季施工需增加的临时设施、防滑、排除雨雪，人工及施工机械效率降低等费用。

5. 已完工程及设备保护费：是指竣工验收前，对已完工程及设备采取的必要保护措施所发生的费用。

6. 工程定位复测费：是指工程施工过程中进行全部施工测量放线和复测工作的费用。

7. 特殊地区施工增加费：是指工程在沙漠或其边缘地区，高海拔、高寒、原始森林等特殊地区施工增加的费用。

8. 大型机械设备进出场及安拆费：是指机械整体或分体自停放场地运至施工现场或由一个施工地点运至另一个施工地点，所发生的机械进出场运输及转移费用及机械在施工现场进行安装、拆卸所需的人工费、材料费、机械费、试运转费和安装所需的辅助设施的费用。

9. 脚手架工程费：是指施工需要的各种脚手架搭、拆、运输费用以及脚手架购置费的摊销（或租赁）费用。

措施项目及其包含的内容详见各类专业工程的现行国家或行业计量规范。

（三）其他项目费。

1. 暂列金额：是指建设单位在工程量清单中暂定并包括在工程合同价款中的一笔款项。用于施工合同签订时尚未确定或者不可预见的所需材料、工程设备、服务的采购，施工中可能发生的工程变更、合同约定调整因素出现时的工程价款调整以及发生的索赔、现场签证确认等的费用。

2. 计日工：是指在施工过程中，施工企业完成建设单位提出的施工图纸以外的零星项目或工作所需的费用。

3. 总承包服务费：是指总承包人为配合、协调建设单位进行的专业工程发包，对建设单位自行采购的材料、工程设备等进行保管以及施工现场管理、竣工资料汇总整理等服务所需的费用。

（四）规费：定义同附件1。

（五）税金：定义同附件1。

附表

建筑安装工程费用项目组成表
（按造价形成划分）

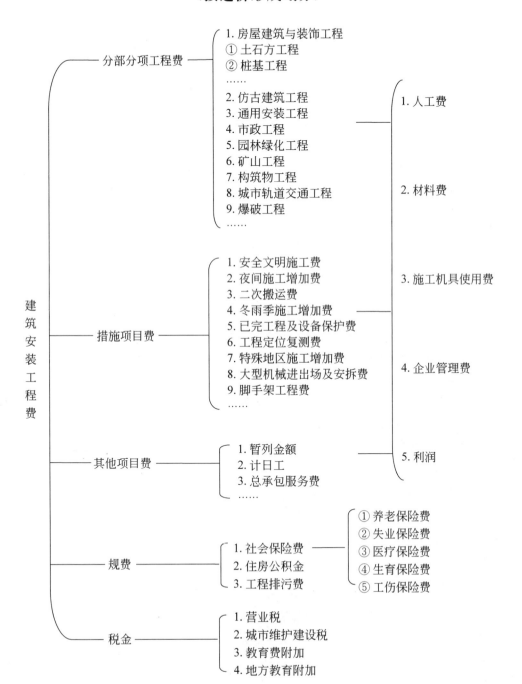

附件3:

建筑安装工程费用参考计算方法

一、各费用构成要素参考计算方法

(一)人工费

公式1:

$$人工费 = \sum (工日消耗量 \times 日工资单价)$$

$$日工资单价 = [生产工人平均月工资(计时、计件) + 平均月(奖金 + 津贴补贴 + 特殊情况下支付的工资)] \div 年平均每月法定工作日$$

注:公式1主要适用于施工企业投标报价时自主确定人工费,也是工程造价管理机构编制计价定额确定定额人工单价或发布人工成本信息的参考依据。

公式2:

$$人工费 = \sum (工程工日消耗量 \times 日工资单价)$$

日工资单价是指施工企业平均技术熟练程度的生产工人在每工作日(国家法定工作时间内)按规定从事施工作业应得的日工资总额。

工程造价管理机构确定日工资单价应通过市场调查,根据工程项目的技术要求,参考实物工程量人工单价综合分析确定,最低日工资单价不得低于工程所在地人力资源和社会保障部门所发布的最低工资标准的:普工1.3倍、一般技工2倍、高级技工3倍。

工程计价定额不可只列一个综合工日单价,应根据工程项目技术要求和工种差别适当划分多种日人工单价,确保各分部工程人工费的合理构成。

注:公式2适用于工程造价管理机构编制计价定额时确定定额人工费,是施工企业投标报价的参考依据。

(二)材料费

1. 材料费

$$材料费 = \sum (材料消耗量 \times 材料单价)$$

$$材料单价 = \{(材料原价 + 运杂费) \times [1 + 运输损耗率(\%)]\} \times [1 + 采购保管费率(\%)]$$

2. 工程设备费

$$工程设备费 = \sum (工程设备量 \times 工程设备单价)$$

$$工程设备单价 = (设备原价 + 运杂费) \times [1 + 采购保管费率(\%)]$$

（三）施工机具使用费

1. 施工机械使用费

$$施工机械使用费＝\sum（施工机械台班消耗量×机械台班单价）$$

$$机械台班单价＝台班折旧费＋台班大修费＋台班经常修理费$$
$$＋台班安拆费及场外运费＋台班人工费$$
$$＋台班燃料动力费＋台班车船税费$$

注：工程造价管理机构在确定计价定额中的施工机械使用费时，应根据《建筑施工机械台班费用计算规则》结合市场调查编制施工机械台班单价。施工企业可以参考工程造价管理机构发布的台班单价，自主确定施工机械使用费的报价，如租赁施工机械，公式为

$$施工机械使用费＝\sum（施工机械台班消耗量×机械台班租赁单价）$$

2. 仪器仪表使用费

$$仪器仪表使用费＝工程使用的仪器仪表摊销费＋维修费$$

（四）企业管理费费率

（1）以分部分项工程费为计算基础

$$企业管理费费率（\%）＝\frac{生产工人年平均管理费}{年有效施工天数×人工单价}$$
$$×人工费占分部分项工程费比例（\%）$$

（2）以人工费和机械费合计为计算基础

$$企业管理费费率（\%）＝\frac{生产工人年平均管理费}{年有效施工天数×（人工单价＋每一工日机械使用费）}×100\%$$

（3）以人工费为计算基础

$$企业管理费费率（\%）＝\frac{生产工人年平均管理费}{年有效施工天数×人工单价}×100\%$$

注：上述公式适用于施工企业投标报价时自主确定管理费，是工程造价管理机构编制计价定额确定企业管理费的参考依据。

工程造价管理机构在确定计价定额中企业管理费时，应以定额人工费或（定额人工费＋定额机械费）作为计算基数，其费率根据历年工程造价积累的资料，辅以调查数据确定，列入分部分项工程和措施项目中。

（五）利润

1. 施工企业根据企业自身需求并结合建筑市场实际自主确定，列入报价中。

2. 工程造价管理机构在确定计价定额中利润时，应以定额人工费或（定额人工费＋定额机械费）作为计算基数，其费率根据历年工程造价积累的资料，并结合

建筑市场实际确定,以单位(单项)工程测算,利润在税前建筑安装工程费的比重可按不低于5%且不高于7%的费率计算。利润应列入分部分项工程和措施项目中。

(六)规费

1. 社会保险费和住房公积金

社会保险费和住房公积金应以定额人工费为计算基础,根据工程所在地省、自治区、直辖市或行业建设主管部门规定费率计算。

$$社会保险费和住房公积金 = \sum(工程定额人工费 \times 社会保险费和住房公积金费率)$$

式中:社会保险费和住房公积金费率可以每万元发承包价的生产工人人工费和管理人员工资含量与工程所在地规定的缴纳标准综合分析取定。

2. 工程排污费

工程排污费等其他应列而未列入的规费应按工程所在地环境保护等部门规定的标准缴纳,按实计取列入。

(七)税金

税金计算公式:

$$税金 = 税前造价 \times 综合税率(\%)$$

综合税率:

1. 纳税地点在市区的企业

$$综合税率(\%) = \frac{1}{1 - 3\% - (3\% \times 7\%) - (3\% \times 3\%) - (3\% \times 2\%)} - 1$$

2. 纳税地点在县城、镇的企业

$$综合税率(\%) = \frac{1}{1 - 3\% - (3\% \times 5\%) - (3\% \times 3\%) - (3\% \times 2\%)} - 1$$

3. 纳税地点不在市区、县城、镇的企业

$$综合税率(\%) = \frac{1}{1 - 3\% - (3\% \times 1\%) - (3\% \times 3\%) - (3\% \times 2\%)} - 1$$

4. 实行营业税改增值税的,按纳税地点现行税率计算。

二、建筑安装工程计价参考公式

(一)分部分项工程费

$$分部分项工程费 = \sum(分部分项工程量 \times 综合单价)$$

式中:综合单价包括人工费、材料费、施工机具使用费、企业管理费和利润以及一定范围的风险费用(下同)。

(二)措施项目费

1. 国家计量规范规定应予计量的措施项目,其计算公式为

$$措施项目费 = \sum (措施项目工程量 \times 综合单价)$$

2. 国家计量规范规定不宜计量的措施项目计算方法如下。

（1）安全文明施工费

$$安全文明施工费 = 计算基数 \times 安全文明施工费费率(\%)$$

计算基数应为定额基价（定额分部分项工程费＋定额中可以计量的措施项目费）、定额人工费或（定额人工费＋定额机械费），其费率由工程造价管理机构根据各专业工程的特点综合确定。

（2）夜间施工增加费

$$夜间施工增加费 = 计算基数 \times 夜间施工增加费费率(\%)$$

（3）二次搬运费

$$二次搬运费 = 计算基数 \times 二次搬运费费率(\%)$$

（4）冬雨季施工增加费

$$冬雨季施工增加费 = 计算基数 \times 冬雨季施工增加费费率(\%)$$

（5）已完工程及设备保护费

$$已完工程及设备保护费 = 计算基数 \times 已完工程及设备保护费费率(\%)$$

上述（2）～（5）项措施项目的计费基数应为定额人工费或（定额人工费＋定额机械费），其费率由工程造价管理机构根据各专业工程特点和调查资料综合分析后确定。

（三）其他项目费

1. 暂列金额由建设单位根据工程特点，按有关计价规定估算，施工过程中由建设单位掌握使用、扣除合同价款调整后如有余额，归建设单位。

2. 计日工由建设单位和施工企业按施工过程中的签证计价。

3. 总承包服务费由建设单位在招标控制价中根据总包服务范围和有关计价规定编制，施工企业投标时自主报价，施工过程中按签约合同价执行。

（四）规费和税金

建设单位和施工企业均应按照省、自治区、直辖市或行业建设主管部门发布标准计算规费和税金，不得作为竞争性费用。

三、相关问题的说明

1. 各专业工程计价定额的编制及其计价程序，均按本通知实施。

2. 各专业工程计价定额的使用周期原则上为 5 年。

3. 工程造价管理机构在定额使用周期内，应及时发布人工、材料、机械台班价格信息，实行工程造价动态管理，如遇国家法律、法规、规章或相关政策变化以及建筑市场物价波动较大时,应适时调整定额人工费、定额机械费以及定额基价或规费费率,使建筑安装工程费能反映建筑市场实际。

4. 建设单位在编制招标控制价时,应按照各专业工程的计量规范和计价定额以及工程造价信息编制。

5. 施工企业在使用计价定额时除不可竞争费用外,其余仅作参考,由施工企业投标时自主报价。

附件 4:

建筑安装工程计价程序

建设单位工程招标控制价计价程序

工程名称: 　　　　　　　　　　　标段:

序号	内　　容	计 算 方 法	金额/元
1	分部分项工程费	按计价规定计算	
1.1			
1.2			
1.3			
1.4			
1.5			
2	措施项目费	按计价规定计算	
2.1	其中:安全文明施工费	按规定标准计算	
3	其他项目费		
3.1	其中:暂列金额	按计价规定估算	
3.2	其中:专业工程暂估价	按计价规定估算	
3.3	其中:计日工	按计价规定估算	

续表

序号	内　容	计　算　方　法	金额/元
3.4	其中:总承包服务费	按计价规定估算	
4	规费	按规定标准计算	
5	税金(扣除不列入计税范围的工程设备金额)	(1+2+3+4)×规定税率	
招标控制价合计＝1+2+3+4+5			

施工企业工程投标报价计价程序

工程名称:　　　　　　　　　　　　　　　标段:

序号	内　容	计　算　方　法	金额/元
1	分部分项工程费	自主报价	
1.1			
1.2			
1.3			
1.4			
1.5			
2	措施项目费	自主报价	
2.1	其中:安全文明施工费	按规定标准计算	
3	其他项目费		
3.1	其中:暂列金额	按招标文件提供金额计列	
3.2	其中:专业工程暂估价	按招标文件提供金额计列	
3.3	其中:计日工	自主报价	
3.4	其中:总承包服务费	自主报价	
4	规费	按规定标准计算	
5	税金(扣除不列入计税范围的工程设备金额)	(1+2+3+4)×规定税率	
投标报价合计＝1+2+3+4+5			

竣工结算计价程序

工程名称：   标段：

序号	汇 总 内 容	计 算 方 法	金额/元
1	分部分项工程费	按合同约定计算	
1.1			
1.2			
1.3			
1.4			
1.5			
2	措施项目	按合同约定计算	
2.1	其中：安全文明施工费	按规定标准计算	
3	其他项目		
3.1	其中：专业工程结算价	按合同约定计算	
3.2	其中：计日工	按计日工签证计算	
3.3	其中：总承包服务费	按合同约定计算	
3.4	索赔与现场签证	按发承包双方确认数额计算	
4	规费	按规定标准计算	
5	税金(扣除不列入计税范围的工程设备金额)	$(1+2+3+4)×$规定税率	
竣工结算总价合计＝1＋2＋3＋4＋5			

附录 3   住房城乡建设部关于印发《建设工程定额管理办法》的通知

建标〔2015〕230 号

各省、自治区住房和城乡建设厅，直辖市建委，国务院有关部门：

为提高建设工程定额科学性，规范定额编制和日常管理工作，按照有关法律法规，我部制定了《建设工程定额管理办法》。现印发给你们，请贯彻执行。

附件：建设工程定额管理办法

中华人民共和国住房和城乡建设部
2015 年 12 月 25 日

附件：

建设工程定额管理办法

第一章 总 则

第一条 为规范建设工程定额（以下简称定额）管理，合理确定和有效控制工程造价，更好地为工程建设服务，依据相关法律法规，制定本办法。

第二条 国务院住房城乡建设行政主管部门、各省级住房城乡建设行政主管部门和行业主管部门（以下简称各主管部门）发布的各类定额，适用本办法。

第三条 本办法所称定额是指在正常施工条件下完成规定计量单位的合格建筑安装工程所消耗的人工、材料、施工机具台班、工期天数及相关费率等的数量基准。

定额是国有资金投资工程编制投资估算、设计概算和最高投标限价的依据,对其他工程仅供参考。

第四条 定额管理包括定额的体系与计划、制定与修订、发布与日常管理。

第五条 定额管理应遵循统一规划、分工负责、科学编制、动态管理的原则。

第六条 国务院住房城乡建设行政主管部门负责全国统一定额管理工作,指导监督全国各类定额的实施;

行业主管部门负责本行业的定额管理工作;

省级住房城乡建设行政主管部门负责本行政区域内的定额管理工作。

定额管理具体工作由各主管部门所属建设工程造价管理机构负责。

第二章 体系与计划

第七条 各主管部门应编制和完善相应的定额体系表,并适时调整。

国务院住房城乡建设行政主管部门负责制定定额体系编制的统一要求。各行业主管部门、省级住房城乡建设行政主管部门按统一要求编制完善本行业和地区的定额体系表,并报国务院住房城乡建设行政主管部门。

国务院住房城乡建设行政主管部门根据各行业主管部门、省级住房城乡建设行政主管部门报送的定额体系表编制发布全国定额体系表。

第八条 各主管部门应根据工程建设发展的需要,按照定额体系相关要求,组织工程造价管理机构编制定额年度工作计划,明确工作任务、工作重点、主要措施、进度安排、工作经费等。

第三章 制定与修订

第九条 定额的制定与修订包括制定、全面修订、局部修订、补充。

(一)对新型工程以及建筑产业现代化、绿色建筑、建筑节能等工程建设新要求,应及时制定新定额。

(二)对相关技术规程和技术规范已全面更新且不能满足工程计价需要的定额,发布实施已满五年的定额,应全面修订。

(三)对相关技术规程和技术规范发生局部调整且不能满足工程计价需要的定额,部分子目已不适应工程计价需要的定额,应及时局部修订。

(四)对定额发布后工程建设中出现的新技术、新工艺、新材料、新设备等情况,应根据工程建设需求及时编制补充定额。

第十条 定额应按统一的规则进行编制,术语、符号、计量单位等严格执行国家相关标准和规范,做到格式规范、语言严谨、数据准确。

第十一条　定额应合理反映工程建设的实际情况,体现工程建设的社会平均水平,积极引导新技术、新工艺、新材料、新设备的应用。

第十二条　各主管部门可通过购买服务等多种方式,充分发挥企业、科研单位、社团组织等社会力量在工程定额编制中的基础作用,提高定额编制科学性、及时性。鼓励企业编制企业定额。

第十三条　定额的制定、全面修订和局部修订工作均应按准备、编制初稿、征求意见、审查、批准发布五个步骤进行。

(一)准备:建设工程造价管理机构根据定额工作计划,组织具有一定工程实践经验和专业技术水平的人员成立编制组。编制组负责拟定工作大纲,建设工程造价管理机构负责对工作大纲进行审查。工作大纲主要内容应包括:任务依据、编制目的、编制原则、编制依据、主要内容、需要解决的主要问题、编制组人员与分工、进度安排、编制经费来源等。

(二)编制初稿:编制组根据工作大纲开展调查研究工作,深入定额使用单位了解情况、广泛收集数据,对编制中的重大问题或技术问题,应进行测算验证或召开专题会议论证,并形成相应报告,在此基础上经过项目划分和水平测算后编制完成定额初稿。

(三)征求意见:建设工程造价管理机构组织专家对定额初稿进行初审。编制组根据定额初审意见修改完成定额征求意见稿。征求意见稿由各主管部门或其授权的建设工程造价管理机构公开征求意见。征求意见的期限一般为一个月。征求意见稿包括正文和编制说明。

(四)审查:建设工程造价管理机构组织编制组根据征求意见进行修改后形成定额送审文件。送审文件应包括正文、编制说明、征求意见处理汇总表等。

定额送审文件的审查一般采取审查会议的形式。审查会议应由各主管部门组织召开,参加会议的人员应由有经验的专家代表、编制组人员等组成,审查会议应形成会议纪要。

(五)批准发布:建设工程造价管理机构组织编制组根据定额送审文件审查意见进行修改后形成报批文件,报送各主管部门批准。报批文件包括正文、编制报告、审查会议纪要、审查意见处理汇总表等。

第十四条　定额制定与修订工作完成后,编制组应将计算底稿等基础资料和成果提交建设工程造价管理机构存档。

第四章　发布与日常管理

第十五条　定额应按国务院住房城乡建设主管部门制定的规则统一命名与编号。

第十六条　各省、自治区、直辖市和行业的定额发布后应由其主管部门报国务院住房城乡建设行政主管部门备案。

第十七条　建设工程造价管理机构负责定额日常管理,主要任务是:

(一)每年应面向社会公开征求意见,深入市场调查,收集公众、工程建设各方主体对定额的意见和新要求,并提出处理意见;

(二)组织开展定额的宣传贯彻;

(三)负责收集整理有关定额解释和定额实施情况的资料;

(四)组织开展定额实施情况的指导监督;

(五)负责组建定额编制专家库,加强定额管理队伍建设。

第五章　经　　费

第十八条　各主管部门应按照《财政部、国家发展改革委关于公布取消和停止征收 100 项行政事业性收费项目的通知》(财综〔2008〕78 号)要求,积极协调同级财政部门在财政预算中保障定额相关经费。

第十九条　定额经费的使用应符合国家、行业或地方财务管理制度,实行专款专用,接受有关部门的监督与检查。

第六章　附　　则

第二十条　本办法由国务院住房城乡建设行政主管部门负责解释。

第二十一条　各省级住房城乡建设行政主管部门和行业主管部门可以根据本办法制定实施细则。

第二十二条　本办法自发布之日起施行。